Dynamische Systeme: Steuerbarkeit und chaotisches Verhalten

Von Prof. Dr. rer. nat. Werner Krabs
Technische Universität Darmstadt

B.G.Teubner Stuttgart · Leipzig 1998

Prof. Dr. rer. nat. Werner Krabs

Geboren 1934 in Hamburg-Altona. Von 1954 bis 1959 Studium der Mathematik, Physik und Astronomie an der Universität Hamburg, Abschluß als Diplom-Mathematiker, 1963 Promotion. 1967/68 Visiting Assistant Professor an der University of Washington in Seattle. 1968 Habilitation im Fach Angewandte Mathematik an der Universität Hamburg. Von 1970 bis 1972 Wiss. Rat und Professor an der RWTH Aachen. 1971 Visiting Associate Professor an der Michigan State University in East Lansing. Seit 1972 Professor an der TH Darmstadt. 1977 Visiting Full Professor an der Oregon State University in Corvallis. Von 1979 bis 1981 Vizepräsident der TH Darmstadt. Von 1986 bis 1987 Vorsitzender der Gesellschaft für Mathematik, Ökonomie und Operations Research.

Die Deutsche Bibliothek – CIP-Einheitsaufnahme

Werner Krabs:
Dynamische Systeme : Steuerbarkeit und chaotisches Verhalten / von
Werner Krabs. – Stuttgart ; Leipzig : Teubner, 1998

ISBN-13: 978-3-519-02638-9   e-ISBN-13: 978-3-322-80102-9
DOI: 10.1007978-3-322-80102-9

Vorwort

Gegen Ende des neunzehnten Jahrhunderts haben Lyapunov und Poincaré die sog. qualitative Theorie der Differentialgleichungen entwickelt und dabei geometrisch-topologische Betrachtungsweisen eingeführt, aus denen sich der Begriff des dynamischen Systems herausgebildet hat. In seiner heutigen abstrakten Form geht er auf G.D. Birkhoff zurück.

Von dieser geht auch das Kapitel 1 dieses Buches aus, in dem ungesteuerte Zeit-kontinuierliche und Zeit-diskrete Systeme untersucht werden. Der Zeit-kontinuierliche Fall ist in der Lehrbuchliteratur bisher bereits ausführlich behandelt worden, der Zeit-diskrete hingegen weit weniger. Die von J.P. LaSalle entwickelte Stabilitätstheorie Zeit-diskreter Systeme entstand auch erst in den siebziger Jahren unseres Jahrhunderts.

Gesteuerte Systeme haben auf den ersten Blick nicht die Eigenschaften dynamischer Systeme. Indem man aber die Steuerungen in den Zustandsraum miteinbezieht, erhält man aus einem gesteuerten System ein dynamisches System. Diese Sichtweise haben wir jedoch in Kapitel 2 über gesteuerte Systeme nicht eingenommen, sondern folgen der üblichen Betrachtungsweise der Steuerungstheorie. Uns interessiert hauptsächlich die Frage nach der Steuerbarkeit eines dynamischen Systems in einem Gleichgewichtszustand. Diese Fragestellung tritt in zahlreichen Anwendungen auf.

Sie liegt auch dem Kapitel 3 über dynamische Spiele zugrunde und wird hier gekoppelt mit einer kooperativen oder nicht-kooperativen Lösung des Steuerungsproblems.

Kapitel 4 ist dem chaotischen Verhalten dynamischer Systeme gewidmet. Dieses war schon Poincaré bekannt, wenngleich ihm noch nicht die mathematischen Mittel zu Gebote standen, Chaos systematisch zu untersuchen. Er war auch der erste, der erkannt hat, daß die Kausalität eines dynamischen Systems eine theoretische Fiktion ist und daß die Vorhersagbarkeit des Verhaltens eines Systems von der Genauigkeit unserer Kenntnis seiner Ausgangsdaten abhängt.

Die Theorie des Chaosverhaltens Zeit-diskreter Systeme ist schon recht weit fortgeschritten und hat teilweise auch bereits zu abgerundeten Ergebnissen geführt. Weit schwieriger ist es, Zeit-kontinuierliche chaotische Systeme in den Griff zu bekommen. Davon kann sich der Leser durch die Lektüre des Abschnittes 4.6 und 4.7 dieses Buches überzeugen. Gewöhnlich studiert man chaotisches Verhalten Zeit-kontinuierlicher Systeme mit Hilfe der Poincaréschen Schnitt-Abbildung, die dazu benutzt wird, um aus einem Zeit-kontinuierlichen System ein Zeit-diskretes Teilsystem "herauszuschneiden", dessen Chaosverhalten sich leichter beschreiben läßt.

Danken möchte ich Frau A. Garhammer für das Schreiben dieses Buches auf dem Computer und Herrn J. Li für die Anfertigung der Graphiken sowie des Sachverzeichnisses.

Darmstadt, Juni 1998

Inhaltsverzeichnis

1 Ungesteuerte Systeme   **7**
1.1 Abstrakte Definition dynamischer Systeme.   7
1.2 Elementare Eigenschaften dynamischer Systeme.   10
1.3 Dynamische Systeme in der Ebene.   13
1.4 Stabilität von Zeit-kontinuierlichen dynamischen Systemen.   19
1.5 Diskrete dynamische Systeme.   26
     1.5.1 Grundlegende Definitionen.   26
     1.5.2 Lyapunov-Funktionen und eine Erweiterung der direkten Methode von Lyapunov.   29
     1.5.3 Stabilität und Instabilität.   32
1.6 Diskretisierung Zeit-kontinuierlicher dynamischer Systeme.   35

2 Gesteuerte Systeme   **40**
2.1 Der Zeit-kontinuierliche Fall.   40
     2.1.1 Das Problem der Steuerbarkeit.   40
     2.1.2 Steuerbarkeit linearer Systeme.   41
     2.1.3 Restringierte Null-Steuerbarkeit linearer Systeme.   45
     2.1.4 Steuerbarkeit nichtlinearer Systeme in Ruhepunkte.   48
     2.1.5 Eine Approximative Lösung des Problems der restringierten Null-Steuerbarkeit.   53
     2.1.6 Ein Spezialfall.   55
2.2 Der Zeit-diskrete Fall.   60
     2.2.1 Das Problem der Fixpunkt-Steuerbarkeit.   60
     2.2.2 Fixpunkt-Steuerbarkeit linearer Systeme.   61
     2.2.3 Ein weiterer Spezialfall.   66

3 Dynamische Spiele   **70**
3.1 Der Zeit-kontinuierliche Fall.   70
     3.1.1 Das Problem der Steuerbarkeit.   70
     3.1.2 Eine kooperative spieltheoretische Lösung.   72
     3.1.3 Eine nicht-kooperative spieltheoretische Lösung.   75
3.2 Der Zeit-diskrete Fall.   81
     3.2.1 Das Problem der Steuerbarkeit.   81
     3.2.2 Eine schrittweise, kooperative, spieltheoretische Lösung.   83
     3.2.3 Eine schrittweise, nicht-kooperative, spieltheoretische Lösung.   86

3.2.4   Hinreichende Bedingungen für die Lösbarkeit des Problems der Steu-
        erbarkeit. 90
3.2.5   Ein Approximationsproblem zur näherungsweisen Lösung des Pro-
        blems der Steuerbarkeit. 91
3.2.6   Anwendung auf ein Konfliktmodell. 96

4   Chaotisches Verhalten dynamischer Systeme   101
4.1   Chaos im Sinne von Devaney. 101
4.2   Topologische Konjugiertheit. 105
4.3   Die topologische Entropie als ein Maß für Chaos. 113
4.4   Chaos im Sinne von Li und Yorke. 123
4.5   Seltsame (oder auch chaotische) Attraktoren. 129
4.6   Über chaotisches Verhalten von Abbildungen in der Ebene 139
4.7   Periodische Systeme in der Ebene. 152
      4.7.1   Das nichtlineare Pendel mit oszillierendem Aufhängepunkt. 152
      4.7.2   Die Poincaré-Abbildung und ihr chaotisches Verhalten. 154

5   Bibliographische Bemerkungen   157

Literaturverzeichnis   161

Sachverzeichnis   163

1 Ungesteuerte Systeme

1.1 Abstrakte Definition dynamischer Systeme

Der Begriff des dynamischen Systems hat sich aus der qualitativen Theorie der Differentialgleichungen entwickelt, die in den letzten beiden Jahrzehnten des 19. Jahrhunderts von Lyapunov und Poincaré begründet wurde. Als Endprodukt einer Entwicklung, die sich über mehr als ein halbes Jahrhundert erstreckte, hat sich die folgende abstrakte Definition eines dynamischen Systems herauskristallisiert:

Vorgegeben sei ein metrischer Raum X mit einer Metrik d. Weiterhin sei I eine additive Halbgruppe reeller Zahlen, d.h. eine Teilmenge I von $I\!R$ mit

$$0 \in I \, ,$$

$$t, s \in I \Longrightarrow t + s = s + t \in I \, ,$$

$$t, s, r \in I \Longrightarrow (t + s) + r = t + (s + r) \, .$$

Unter einem dynamischen System auf X, manchmal auch Fluß genannt, versteht man eine stetige Abbildung $\pi : X \times I \to X$ mit den folgenden Eigenschaften:

(a) $\pi(x, 0) = x$ für alle $x \in X$ (Identitätseigenschaft)

(b) $\pi(\pi(x, t), s) = \pi(x, t + s)$ für alle $x \in X$ und alle $t, s \in I$ (Halbgruppeneigenschaft).

Der metrische Raum X bildet den Raum der Zustände des Systems, und die Abbildung π beschreibt die zeitliche Änderung des Systems, wobei die Zeit t innerhalb einer Halbgruppe $I \subseteq I\!R$ fortschreitet.

In der Regel ist $I = I\!R, I = I\!R_+ = \{t \in I\!R \mid t \geq 0\}$ oder $I = I\!N_0 = \{0, 1, 2, \ldots\}$. Im letzteren Fall nennt man das dynamische System auch zeitdiskret.

Das historisch erste Beispiel für ein dynamisches System ist das folgende: Sei W eine nichtleere, offene und zusammenhängende Teilmenge von $I\!R^r$ und $f : W \to I\!R^r$ eine Lipschitz-stetige Abbildung, d.h. es gebe eine Konstante $K > 0$ mit

$$\|f(x) - f(y)\|_2 \leq K \, \|x - y\|_2 \quad \text{für alle} \quad x, y \in W \, ,$$

wobei $\| \cdot \|_2$ die Euklidische Norm in $I\!R^r$ bezeichnet. Dann hat für jedes $x_0 \in W$ das Anfangswertproblem

$$\dot{x}(t) = f(x(t)) \, , \quad x(0) = x_0 \, ,$$

eine eindeutige Lösung $x(t) = \varphi(x_0, t)$, die auf einem offenen Intervall $-\alpha < t < \alpha$ für ein $\alpha > 0$ definiert ist und zu $C^1((-\alpha, \alpha), W)$ gehört. Wir nehmen an, es sei $\alpha = \infty$ und setzen $I = I\!R$ sowie $X = W$, versehen mit der Metrik

$$d(x, y) = \|x - y\|_2 , \quad x, y \in X .$$

Damit definieren wir $\pi : X \times I \to X$ vermöge

$$\pi(x, t) = \varphi(x, t) \quad \text{für alle} \quad x \in W \text{ und } t \in I .$$

Offenbar gilt

$$\pi(x, 0) = \varphi(x, 0) = x \quad \text{für alle} \quad x \in X ,$$

d.h. π hat die Identitätseigenschaft.

Sind $t, s \in I$ vorgegeben, so folgt für jedes $x \in X$ mit der Definition

$$\tilde{\varphi}(x, s) = \varphi(x, t + s) \quad \text{für alle} \quad s \in I$$

und ein beliebiges, aber festes $t \in I$

$$\dot{\tilde{\varphi}}(s, x) = \dot{\varphi}(x, t + s) = f(x(t + s)) = f(\tilde{\varphi}(x, s))$$

und

$$\tilde{\varphi}(x, 0) = \varphi(x, t) .$$

Damit ergibt sich

$$\pi(\pi(x, t), s) = \pi(\varphi(x, t), s) = \tilde{\varphi}(x, s) = \varphi(x, t + s) = \pi(x, t + s) ,$$

d.h. π hat auch die Halbgruppeneigenschaft.

Die Stetigkeit der Abbildung $\pi : X \times I \to X$ ergibt sich aus einem bekannten Satz über die stetige Abhängigkeit der Lösungen von Anfangswertproblemen von den Anfangswerten.

Damit liegen alle Eigenschaften eines Flusses vor.

Wir kehren wieder zur allgemeinen Definition eines dynamischen Systems zurück und definieren als Orbit oder Trajektorie durch $x \in X$ die Punktmenge

$$\gamma_I(x) = \{\pi(x, t) | \, t \in I\} = \bigcup_{t \in I} \{\pi(x, t)\} . \tag{1.1}$$

Offenbar ist $x = \pi(x, 0) \in \gamma_I(x)$.

Für jedes $x \in X$ definieren wir als Limesmenge

$$L_I(x) = \bigcap_{t \in I} \overline{\gamma_I(\pi(x, t))} , \tag{1.2}$$

wobei für eine beliebige Teilmenge A von X die Menge $\bar{A}$ die abgeschlossene Hülle von A bezeichnet.

Speziell für $I = I\!R$ betrachtet man auch für jedes $x \in X$ die positive bzw. negative Halbtrajektorie

$$\gamma_+(x) = \{\pi(x,t)|\, t \geq 0\} \quad \text{bzw.} \quad \gamma_-(x) = \{\pi(x,t)|\, t \leq 0\} \tag{1.3}$$

und definiert die Omega- bzw. Alpha-Limesmenge als

$$\Omega(x) = \bigcap_{t \geq 0} \overline{\gamma_+(\pi(x,t))} \quad \text{bzw.} \quad A(x) = \bigcap_{t \leq 0} \overline{\gamma_-(\pi(x,t))} \; . \tag{1.4}$$

Die Omega-Limesmenge interessiert primär, weil sie das asymptotische Verhalten des dynamischen Systems für $t \to \infty$ beschreibt. Es gilt nämlich das

Lemma 1.1: Für jedes $x \in X$ ist

$$\begin{aligned} \Omega(x) = \{y \in X|\, y = \lim_{n \to \infty} \pi(x,t_n) \\ \text{für eine Folge } (t_n)_{n \in N_0} \text{ in } I\!R_+ \text{ mit } t_n \to \infty\} \; . \end{aligned} \tag{1.5}$$

Beweis:

(1) Sei $y \in X$ mit $y = \lim\limits_{n \to \infty} \pi(x,t_n)$ für eine Folge $(t_n)_{n \in N_0}$ in $I\!R_+$ mit $t_n \to \infty$. Dann folgt $y \in \overline{\gamma_+(x)}$. Jedoch gilt auch für jedes $t \geq 0$

$$y = \lim_{n \to \infty} \pi(x,t_n) = \lim_{n \to \infty} \pi(\pi(x,t),t_n - t) \; ;$$

denn für genügend großes $n \in I\!N_0$ ist $t_n - t \geq 0$ und $t_n - t \to \infty$. Somit ist $y \in \overline{\gamma_+(\pi(x,t))}$ für jedes $t \geq 0$, woraus $y \in \Omega(x)$ nach (1.4) folgt.

(2) Sei umgekehrt $y \in \Omega(x)$ nach (1.4). Dann ist

$$y \in \overline{\gamma_+(\pi(x,t))} \quad \text{für jedes} \quad t \geq 0 \; ,$$

und es gibt eine Folge $(x_n)_{n \in N_0}$ in $\gamma_+(\pi(x,t))$ mit $y = \lim\limits_{n \to \infty} x_n$.

Für jedes $n \in I\!N_0$ können wir auch schreiben

$$x_n = \pi(x, t + t_n) \quad \text{für ein} \quad t_n \geq 0 \; ,$$

so daß gilt

$$y = \lim_{n \to \infty} \pi(x, t + t_n) \quad \text{für alle} \quad t \geq 0 \; .$$

Für jedes $k \in I\!N$ gibt es daher ein $n_k \in I\!N$ mit

$$d(y, \pi(x, k + t_n)) \leq \frac{1}{k} \quad \text{für alle} \quad n \geq n_k \; .$$

Daraus folgt

$$y = \lim_{k \to \infty} \pi(x, k + t_{n_k}) \; ,$$

d.h., y gehört zu $\Omega(x)$, definiert durch (1.5).

1.2 Elementare Eigenschaften dynamischer Systeme

Sei π ein dynamisches System auf einem metrischen Raum X, und sei $I = I\!R$.

Definition: Eine Teilmenge $A \subseteq X$ heißt invariant, falls gilt

$$\gamma_{\mathbf{R}}(x) \subseteq A \quad \text{für alle} \quad x \in A \, ,$$

wobei $\gamma_{\mathbf{R}}(x)$ für jedes $x \in A$ die durch (1.1) definierte Trajektorie ist.

In Worten: $A \subseteq X$ heißt invariant, wenn jede Trajektorie durch einen Punkt $x \in A$ ganz in A liegt.

Lemma 1.2: $A \subseteq X$ ist genau dann invariant, wenn gilt

$$A = \bigcup_{x \in A} \gamma_{\mathbf{R}}(x) \, . \tag{1.6}$$

Beweis:

(1) Sei A invariant. Dann folgt

$$\bigcup_{x \in A} \gamma_{\mathbf{R}}(x) \subseteq A \subseteq \bigcup_{x \in A} \gamma_{\mathbf{R}}(x) \quad \text{, d.h., es gilt (1.6)} \, .$$

(2) Es gelte (1.6). Dann folgt

$$\gamma_{\mathbf{R}}(x) \subseteq A \quad \text{für alle} \quad x \in A \, ,$$

d.h. A ist invariant.

Satz 1.3: Die abgeschlossene Hülle einer invarianten Teilmenge von X ist ebenfalls invariant.

Beweis: Sei $A \subseteq X$ invariant, und sei $y \in \bar{A}$. Zu zeigen ist $\gamma_{\mathbf{R}}(y) \subseteq \bar{A}$. Da $y \in \bar{A}$ ist, gibt es eine Folge $(y_n)_{n \in \mathbf{N}}$ in A mit $y = \lim_{n \to \infty} y_n$. Für jedes $t \in I\!R$ folgt daher auf Grund der Stetigkeit von $\pi : X \times I\!R \to X$, daß gilt

$$\pi(y, t) = \lim_{n \to \infty} \pi(y_n, t) \, .$$

Wegen $\gamma_{\mathbf{R}}(y_n) \subseteq A$ ist $\pi(y_n, t) \in A$ für alle n und somit $\pi(y, t) \in \bar{A}$ für jedes $t \in I\!R$, was $\gamma_{\mathbf{R}}(x) \subseteq \bar{A}$ impliziert.

Satz 1.4: Die Omega-Limesmenge $\Omega(x)$ ist für jedes $x \in X$ abgeschlossen und invariant.

Beweis: Für jedes $x \in X$ ist $\Omega(x)$ als Durchschnitt abgeschlossener Mengen abgeschlossen.

Zum Nachweis der Invarianz von $\Omega(x)$ wählen wir ein $y \in \Omega(x)$. Dann gibt es auf Grund von Lemma 1.1 eine Folge $(t_n)_{n \in N_0}$ in $I\!R_+$ mit $t_n \to \infty$ und $y = \lim\limits_{n \to \infty} \pi(x, t_n)$. Setzt man

$$x_n = \pi(x, t_n) \quad \text{für jedes} \quad n \in I\!N_0 \, ,$$

so folgt $y = \lim\limits_{n \to \infty} x_n$, und die Stetigkeit von $\pi : X \times I\!R \to X$ impliziert

$$\pi(y, t) = \lim\limits_{n \to \infty} \pi(x_n, t) \quad \text{für alle} \quad t \in I\!R \, .$$

Nun ist

$$\pi(x_n, t) = \pi(\pi(x, t_n), t) = \pi(x, t_n + t) \quad \text{und} \quad t_n + t \to \infty$$

für jedes $t \in I\!R$. Damit ist

$$\pi(y, t) \in \Omega(x) \quad \text{für alle} \quad t \in I\!R \quad \text{und somit} \quad \gamma_{I\!R}(y) \subseteq \Omega(x) \, ,$$

was die Invarianz von $\Omega(x)$ beweist.

Die Funktion $t \to \pi(x, t)$, $t \in I\!R$, nennen wir für jedes $x \in X$ eine Bewegung durch x.

Definition: Eine Bewegung $\pi(x, t)$, $t \in I\!R$, durch $x \in X$ heißt positiv-kompakt, falls die abgeschlossene Hülle der durch (1.3) definierten positiven Halbtrajektorie $\gamma_+(x)$ kompakt ist, was gleichbedeutend damit ist, daß eine kompakte Teilmenge K von X existiert mit

$$\pi(x, t) \in K \quad \text{für alle} \quad t \geq 0 \, .$$

Mit dieser Definition gilt nun der folgende

Satz 1.5: Sei $\pi(x, t)$, $t \in I\!R$, für ein $x \in X$ eine positiv-kompakte Bewegung. Dann ist die durch (1.4) definierte Omega-Limesmenge $\Omega(x)$ nichtleer, kompakt, invariant und zusammenhängend.

Beweis: Nach Satz 1.4 ist $\Omega(x)$ invariant. Nach Annahme ist $\overline{\gamma_+(x)}$ mit $\gamma_+(x) = \{\pi(x, t) | \, t \geq 0\}$ kompakt.

Weiter gilt

$$\overline{\gamma_+(\pi(x, t))} \subseteq \overline{\gamma_+(x)} \quad \text{für alle} \quad t \geq 0 \, .$$

Damit ist

$$\overline{\gamma_+(\pi(x,t))} \quad \text{für alle} \quad t \geq 0 \quad \text{kompakt.}$$

Schließlich ist

$$\overline{\gamma_+(\pi(x,t_2)} \subseteq \overline{\gamma_+(\pi(x,t_1))} \quad \text{für} \quad t_2 \geq t_1 \geq 0 \,,$$

woraus folgt, daß $\Omega(x)$ nichtleer und kompakt ist.

Nehmen wir an, $\Omega(x)$ sei nicht-zusammenhängend. Dann gibt es zwei disjunkte nichtleere offene Teilmengen A und B von X mit $\Omega(x) = \Omega(x) \cap (A \cup B)$, wobei $A \cap \Omega(x)$ und $B \cap \Omega(x)$ nichtleer sind, und wir können Folgen $(t_n)_{n \in \mathbb{N}}$ und $(s_n)_{n \in \mathbb{N}}$ in $\mathbb{R}_+$ finden mit

$$0 < s_1 < t_1 < \ldots < s_n < t_n < s_{n+1} < \ldots \,, \quad s_n \to \infty \,, \quad t_n \to \infty$$

und

$$\pi(x,s_n) \in A \quad \text{sowie} \quad \pi(x,t_n) \in B \quad \text{für alle} \quad n \in \mathbb{N} \,.$$

Da der Pfad $\pi(x,[s_n,t_n])$ für jedes $n \in \mathbb{N}$ zusammenhängend ist, gibt es für jedes $n \in \mathbb{N}$ ein $t_n^* \in [s_n,t_n]$ mit $\pi(x,t_n^*) \notin A \cup B$. Aus $\pi(x,[s_n,t_n]) \subseteq \overline{\gamma_+(x)}$ und der Kompaktheit von $\overline{\gamma_+(x)}$ folgt somit die Existenz einer Teilfolge $(\pi(x,t_n^*))_{i \in \mathbb{N}}$ und eines Punktes y aus der abgeschlossenen Menge $X \backslash (A \cup B)$ mit $y = \lim\limits_{i \to \infty} \pi(x,t_{n_i}^*)$, d.h. $y \in \Omega(x)$ nach Lemma 1.1.

Das ist aber wegen $\Omega(x) = \Omega(x) \cap (A \cup B)$ nicht möglich. Dieser Widerspruch zeigt, daß $\Omega(x)$ zusammenhängend ist.

Definition: Eine Teilmenge $M \subseteq X$ heißt minimal, wenn sie nichtleer, abgeschlossen und invariant ist und keine echte Teilmenge mit diesen Eigenschaften besitzt.

Satz 1.6: Jede nichtleere, kompakte und invariante Teilmenge A von X enthält eine minimale Teilmenge M von X.

Beweis: Sei $\mathcal{A}$ die Menge aller nichtleeren, kompakten und invarianten Teilmengen von A. Die Menge $\mathcal{A}$ ist halbgeordnet bezüglich der Inklusion. Nun sei $\mathcal{B}$ eine wohlgeordnete Teilmenge von $\mathcal{A}$. Dann ist der Durchschnitt $\bigcap\limits_{B \in \mathcal{B}} B$ nichtleer, in $\mathcal{A}$ und eine untere Schranke von $\mathcal{B}$. Nach dem Zorn'schen Lemma besitzt daher $\mathcal{A}$ minimale Elemente.

Aus Satz 1.5 und Satz 1.6 ergibt sich unmittelbar das

Korollar: Ist $\pi(x,t)$, $t \in \mathbb{R}$, für ein $x \in X$ eine positiv kompakte Bewegung durch x, so enthält die Omega-Limesmenge $\Omega(x)$ eine minimale Teilmenge.

Definition: Ein Punkt $x \in X$ heißt Ruhepunkt oder Gleichgewichtspunkt eines Flusses $\pi : X \times I\!R \to X$, wenn gilt

$$\pi(x,t) = x \quad \text{für alle} \quad t \in I\!R \, .$$

Ist $x \in X$ ein Ruhepunkt eines Flusses, so ist $M = \{x\}$ offenbar minimal.

Definition: Ein Punkt $x \in X$ heißt periodisch und die Bewegung $\pi(x,t)$, $t \in I\!R$, durch x ebenfalls periodisch, falls ein $p > 0$ existiert

$$\pi(x,t+p) = \pi(x,t) \quad \text{für alle} \quad t \in I\!R \, .$$

Die Zahl p heißt Periode der Bewegung $\pi(x,t)$, $t \in I\!R$, durch x.

Satz 1.7: Ist $x \in X$ periodisch, so ist die Trajektorie $\gamma_R(x)$ minimal.

Beweis: Auf Grund der Periodizität gilt $\gamma_R(x) = \bigcup\limits_{t \in [0,p]} \pi(x,t)$. Daraus folgt, daß $\gamma_R(x)$ kompakt, mithin abgeschlossen ist.

Nun sei $y \in \gamma_R(x)$. Dann gibt es ein $t_y \in [0,p]$ mit $y = \pi(x,t_y)$, und für jedes $s \in I\!R$ gilt $\pi(y,s) = \pi(\pi(x,t_y),s) = \pi(x,s+t_y) \in \gamma_R(x)$, mithin $\gamma_R(y) \subseteq \gamma_R(x)$, was die Invarianz von $\gamma_R(x)$ beweist.

Nun sei $z \in \gamma_R(x)$ beliebig vorgegeben. Dann gibt es ein $t_z \in [0,p]$ mit $z = \pi(x,t_z)$. Daraus folgt weiter $z = \pi(x,t_z + t_y - t_y) = \pi(\pi(x,t_y),t_z - t_y) = \pi(y,t_z - t_y) \in \gamma_R(y)$, mithin $\gamma_R(x) \subseteq \gamma_R(y)$, was

$$\gamma_R(x) = \gamma_R(y) \quad \text{für alle} \quad y \in \gamma_R(x) \quad \text{impliziert.}$$

Daher kann es keine echte nichtleere abgeschlossene Teilmenge von $\gamma_R(x)$ geben, die invariant ist.

Damit ist die Minimalität von $\gamma_R(x)$ gezeigt.

1.3 Dynamische Systeme in der Ebene

Wir gehen aus von dem historisch ersten Beispiel für ein dynamisches System für den Fall $r = 2$ (siehe Abschnitt 1.1). Wir betrachten also zwei Differentialgleichungen der Form

$$\left. \begin{aligned} \dot{x}_1 &= f_1(x_1,x_2) \, , \\ \dot{x}_2 &= f_2(x_1,x_2) \, , \end{aligned} \right\} \; (x_1,x_2) \in W \subseteq I\!R^2 \, , \tag{1.7}$$

wobei W nichtleer, offen und zusammenhängend ist. Wir nehmen an, daß gilt $f_1, f_2 \in C^1(W)$, woraus folgt, daß für jeden Punkt $(x_{10}, x_{20}) \in W$ genau eine Lösung $x(t) = \varphi(t,x_0)$, $t \in (-\alpha, \alpha)$ für ein $\alpha > 0$ von (1.7) existiert mit $\varphi(\cdot,x_0) \in C^1((-\alpha,\alpha),W)$ und

$$\varphi(0,x_0) = x_0 = (x_{10}, x_{20}) \, . \tag{1.8}$$

Versieht man $X = W$ mit der Metrik

$$d(x,y) = \|x - y\|_2 , \quad x,y \in W ,$$

wobei $\| \cdot \|_2$ die Euklidische Norm in $I\!R^2$ bezeichnet, und nimmt noch an, daß $\alpha = \infty$ ist, so wird, wie in Abschnitt 1.1 gezeigt, durch

$$\pi(x,t) = \varphi(t,x), \quad t \in I\!R, \quad x \in X , \tag{1.9}$$

ein dynamisches System $\pi : X \times I\!R \to I\!R$ definiert.

Ein Punkt $x \in X$ ist offenbar genau dann ein Ruhepunkt dieses Flusses π, wenn gilt

$$f_1(x) = 0 \quad \text{und} \quad f_2(x) = 0 .$$

Wir haben bereits bemerkt, daß jeder Ruhepunkt von π als einpunktige Teilmenge von X minimal ist. Es erhebt sich die Frage, ob es noch weitere minimale Mengen gibt. Für den Fall, daß diese kompakt sind, gibt der folgende Satz eine vollständige Antwort.

Satz 1.8: Sei $M \subseteq X$ kompakt und minimal. Dann ist M entweder ein Ruhepunkt des Flusses (1.9) oder eine periodische Bewegung $\pi(x,t)$, $t \in I\!R_+$ durch ein $x \in M$.

Zum Beweis dieses Satzes benötigen wir das folgende

Lemma 1.9: Haben für ein $x \in X$ der positive Orbit $\gamma_+(x)$ (1.3) und die Omega-Limesmenge $\Omega(x)$ (1.4) Nicht-Ruhepunkte gemeinsam, so ist $\gamma_+(x)$ ein periodischer Orbit, d.h. es gibt ein $p > 0$ mit

$$\pi(x,t+p) = \pi(x,t) \quad \text{für alle} \quad t \geq 0 .$$

Zum Beweis dieses Lemmas verweisen wir auf das Buch "Ordinary Differential Equations" von J.K. Hale (Wiley-Interscience 1969).

Beweis von Satz 1.8: Sei $x \in M$ beliebig gewählt. Dann ist $\overline{\gamma_+(x)} \subseteq M$. Nach Satz 1.4 und Satz 1.5 ist die Omega-Limesmenge $\Omega(x) \subseteq M$ nichtleer, abgeschlossen und invariant, woraus auf Grund der Minimalität von M folgt, daß $M = \Omega(x)$ ist. Enthält M einen Ruhepunkt y, so folgt $M = \{y\} = \{x\}$. Enthält M keinen Ruhepunkt, so impliziert $\gamma_+(x) \subseteq M = \Omega(x)$, daß $\gamma_+(x)$ und $\Omega(x)$ Nicht-Ruhepunkte gemeinsam haben, so daß $\gamma_+(x)$ auf Grund von Lemma 1.9 ein periodischer Orbit ist.

Weiter gilt der

Satz 1.10: Sei $\gamma_R(x)$ für ein $x \in X$ ein positiv-kompakter Orbit, d.h. die Bewegung $\pi(x,t), t \in I\!R$, durch x sei positiv-kompakt. Ferner enthalte die Ω-Limesmenge $\Omega(x)$ keinen Ruhepunkt. Dann ist $\Omega(x) = \gamma_+(x)$ ein periodischer Orbit.

Zum Beweis dieses Satzes benötigen wir das folgende

Lemma 1.11: Enthält $\Omega(x)$ für ein $x \in X$ Nicht-Ruhepunkte und einen periodischen Orbit $\gamma_+(x)$, so ist $\Omega(x) = \gamma_+(x)$.

Zum Beweis dieses Lemmas verweisen wir ebenfalls auf das oben genannte Buch von J.K. Hale.

Beweis von Satz 1.10: Nach Satz 1.5 ist $\Omega(x)$ nichtleer, kompakt und invariant. Nach Satz 1.6 enthält daher $\Omega(x)$ eine minimale Teilmenge M von X, und M enthält keinen Ruhepunkt. Nach Satz 1.8 ist M eine periodische Bewegung $\pi(x,t)$, $t \in I\!R$, durch x. Nach Lemma 1.11 ist daher $\Omega(x) = \gamma_+(x)$ ein periodischer Orbit.

Wir wollen Satz 1.10 anhand zweier Beispiele illustrieren.

1) Das mathematische Pendel:

Wir betrachten die Bewegung eines nichtlinearen ebenen Pendels mit einem festen Aufhängepunkt, wie im folgenden Bild dargestellt:

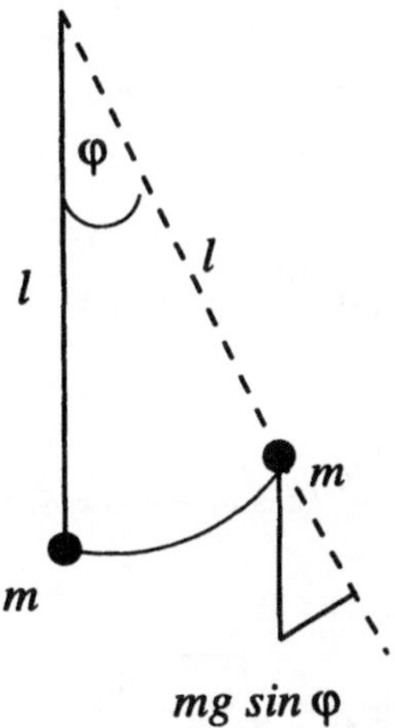

Nach dem Newton'schen Bewegungsgesetz

$$\text{Kraft} = \text{Masse} \times \text{Beschleunigung}$$

ergibt sich die Bewegungsgleichung

$$m \cdot \ell \cdot \ddot{\varphi} = -mg \sin\varphi(t) , \quad t \in I\!R , \tag{1.10}$$

wobei m die Pendelmasse, ℓ die Pendellänge, g die Erdbeschleunigung und $\varphi(t)$ der Auslenkungswinkel zur Zeit t ist. Der Ausdruck $\ell \cdot \ddot{\varphi}(t)$ ist dann die Größe der Bahnbeschleunigung und $-mg \sin\varphi(t)$ die Größe der zur Zeit t auf die Pendelmasse einwirkenden Kraft.

Definiert man

$$x_1(t) = \varphi(t) , \quad x_2(t) = \dot\varphi(t) , \quad t \in I\!\!R , \tag{1.11}$$

so erweist sich (1.10) als äquivalent zu

$$\begin{aligned} \dot x_1(t) &= x_2(t) , \\ \dot x_2(t) &= -\tfrac{g}{\ell}\sin x_1(t), \ t \in I\!\!R . \end{aligned} \tag{1.12}$$

Mit $f_1(x_1,x_2) = x_2$ und $f_2(x_1,x_2) = -\tfrac{g}{\ell}\sin x_1$, $(x_1,x_2) \in I\!\!R^2$, erhält (1.11) die Form (1.7) mit $W = I\!\!R^2$. Offenbar gilt $f_1, f_2 \in C^1(W)$, so daß für jeden Punkt $(x_{10}, x_{20}) = (\varphi_0, \dot\varphi_0) \in I\!\!R^2$ genau eine Lösung $(x_1(\cdot), x_2(\cdot)) \in C^1((-\alpha,\alpha), W)$ von (1.12) für ein $\alpha > 0$ existiert mit

$$x_1(0) = x_{10} , \quad x_2(0) = x_{20} . \tag{1.13}$$

Mit (1.11) ergibt sich aus (1.10)

$$\ddot x_1 = -\frac{g}{\ell}\sin x_1 ,$$

woraus

$$\dot x_1^2 = \frac{2g}{\ell}\cos x_1 + C \quad \text{für ein} \quad C \in I\!\!R$$

folgt, so daß sich mit (1.13)

$$x_{20}^2 = \frac{2g}{\ell}\cos x_{10} + C$$

ergibt, was zu

$$x_2^2 = \dot x_1^2 = x_{20}^2 + \frac{2g}{\ell}(\cos x_1 - \cos x_{10}) \le x_{20}^2 + \frac{4g}{\ell}$$

und schließlich zu

$$|x_2| \le \sqrt{x_{20}^2 + \frac{4g}{\ell}}$$

führt. Wählen wir $X = (-\pi,\pi) \times I\!\!R$. Dann folgt für jeden Punkt $(x_{10}, x_{20}) \in X$ für die eindeutige Lösung $(x_1(\cdot), x_2(\cdot)) \in C^1((-\alpha,\alpha), X)$ von (1.12) mit (1.13)

$$|x_1(\cdot)| \le \pi , \quad |x_2| \le \sqrt{x_{20}^2 + \frac{4g}{\ell}} ,$$

so daß $\alpha = \infty$ gewählt werden kann.

Definiert man daher für jedes $(x_{10}, x_{20}) \in X$ und jedes $t \in I\!\!R$

$$\pi(x_{10}, x_{20}, t) = (x_1(t), x_2(t)) , \quad t \in I\!\!R ,$$

wobei $(x_1(\cdot), x_2(\cdot))$ die eindeutige Lösung von (1.12), (1.13) in $C^1(I\!R, X)$ ist, so erhält man einen Fluß derart, daß für jedes $x \in X$ die Bewegung $\pi(x, t)$, $t \in I\!R$, durch x positiv-kompakt ist.

Offenbar ist $(0, 0)$ der einzige Ruhepunkt von (1.12) in X. Nun sei $y \in \Omega(x)$ für ein $x \in X$ vorgegeben. Nach Lemma 1.1 gibt es dann eine Folge $(t_n)_{n \in I\!N_0}$ in $I\!R_+$ mit $t_n \to \infty$ und $y = \lim\limits_{n \to \infty} \pi(x, t_n)$. Daraus folgt

$$y_2^2 = x_2^2 + \frac{2g}{\ell} \left(\cos y_1 + \cos x_1\right).$$

Wäre $y = (0, 0)$, so folgte

$$0 = x_2^2 + \frac{2g}{\ell} \left(1 - \cos x_1\right),$$

was nur im Falle $x_1 = x_2 = 0$ möglich ist. Ist also $x \neq (0, 0)$, so folgt für kein $y \in \Omega(x)$, daß $y = (0, 0)$ ist, d.h. $\Omega(x)$ enthält keinen Ruhepunkt. Daraus folgt mit Satz 1.10, daß $\Omega(x) = \gamma_+(x)$ ein periodischer Orbit ist.

2) Ein Räuber-Beute-Modell:

Dieses wird beschrieben durch die Differentialgleichungen

$$\begin{aligned} \dot{x}_1 &= -cx_1 + ax_1x_2\,, \\ \dot{x}_2 &= rx_2 - px_1x_2\,, \quad x_1 > 0,\ x_2 > 0\,. \end{aligned} \qquad (1.14)$$

Dabei sind $a, c, p, r \in I\!R$ vorgegebene positive Konstanten. Durch $x_1(t)$ bzw. $x_2(t)$ wird die Dichte einer Räuber- bzw. Beutepopulation innerhalb eines vorgegebenen Lebensraumes bezeichnet. Die erste Gleichung von (1.14) beschreibt die zeitliche Änderung der Dichte der Räuber- und die zweite die der Beutepopulation. In diesem Fall ist $X = W = \{(x_1, x_2) \in I\!R^2 \mid x_1 > 0$ und $x_2 > 0\}$, und alle Voraussetzungen, die wir für das System (1.7) getroffen haben, sind erfüllt. Wir werden noch zeigen, daß jede Lösung von (1.14) beschränkt und somit auf ganz $I\!R$ definiert ist, so daß (1.14) einen Fluß $\pi : X \times I\!R \to X$ definiert. Der einzige Ruhepunkt dieses Flusses ist gegeben durch

$$\bar{x}_1 = \frac{r}{p}\,, \quad \bar{x}_2 = \frac{c}{a}\,.$$

Um Satz 1.10 anwenden zu können, zeigen wir zunächst, daß für jedes $(x_1, x_2) \in X$ der Orbit positiv kompakt ist. Dazu betrachten wir die homöomorphe Abbildung $T : X \to I\!R^2$, welche definiert ist vermöge

$$T(x_1, x_2) = (u_1, u_2) = \left(\ell n\frac{x_1}{\bar{x}_1}, \ell n\frac{x_2}{\bar{x}_2}\right), \quad (x_1, x_2) \in X\,,$$

und deren Umkehrabbildung $T^{-1} : I\!R^2 \to X$ definiert ist durch

$$T^{-1}(u_1, u_2) = (x_1, x_2) = \left(\bar{x}_1\, e^{u_1}, \bar{x}_2\, e^{u_2}\right), \quad (u_1, u_2) \in I\!R^2\,.$$

Das System (1.14) geht bei der Transformation $T : X \to I\!R^2$ über in

$$\dot{u}_1 = -c(1 - e^{u_2})\,, \quad \dot{u}_2 = r(1 - e^{u_1})\,, \quad (u_1, u_2) \in I\!R^2\,. \qquad (1.15)$$

Weiter ist $T(\bar{x}_1, \bar{x}_2) = (0,0)$. Ist $(x_1(t), x_2(t))$ eine Lösung von (1.14), so ist

$$u_1(t) = \ell n \, \frac{x_1(t)}{\bar{x}_1} \, , \qquad u_2(t) = \ell n \, \frac{x_2(t)}{\bar{x}_2}$$

eine Lösung von (1.15). Ist $(u_1(t), u_2(t))$ eine Lösung von (1.15), so ist

$$x_1(t) = \bar{x}_1 \, e^{u_1(t)} \, , \qquad x_2(t) = \bar{x}_2 \, e^{u_2(t)}$$

eine Lösung von (1.14). Ist $\gamma_R(x_1, x_2)$ ein Orbit des Systems (1.14) durch $(x_1, x_2) \in X$, so ist $T(\gamma_R(x_1, x_2))$ ein Orbit des Systems (1.15) durch $(u_1, u_2) = T(x_1, x_2)$.

Wenn wir zeigen können, daß jeder Orbit des Systems (1.15) positiv-kompakt ist, gilt das auch für jeden Orbit des Systems (1.14). Wir betrachten zunächst eine sog. Lyapunov-Funktion der Form

$$V(u_1, u_2) = r(e^{u_1} - u_1) + c(e^{u_2} - u_2) - r - c \, , \qquad (u_1, u_2) \in I\!\!R^2 \, .$$

Für diese gilt

$$V(0,0) = 0 \quad \text{und} \quad V(u_1, u_2) > 0 \quad \text{für alle} \quad (u_1, u_2) \neq (0,0) \, ,$$

und für jede Lösungskurve $(u_1(t), u_2(t))$ von (1.15) folgt

$$\frac{d}{dt} \, V(u_1(t), u_2(t)) = r(e^{u_1(t)} - 1) \, \dot{u}_1(t) + c(e^{u_2(t)} - 1) \, \dot{u}_2(t) = 0$$

für alle $t \in (-\alpha, \alpha) = $ Definitionsintervall von $(u_1(t), u_2(t))$. Daraus folgt weiter

$$V(u_1(t), u_2(t)) = r(e^{u_1(t)} - u_1(t)) + c(e^{u_2(t)} - u_2(t)) - r - c = k \tag{1.16}$$

für alle $t \in (\alpha, \alpha)$, wobei $k \geq 0$ eine Konstante ist.

An dieser Gleichung erkennt man, daß der Orbit $\gamma_R(u_1(0), u_2(0))$ beschränkt und somit positiv-kompakt ist. Daraus folgt auch $\alpha = \infty$ (s.o.!). Damit ist auch das Urbild $T^{-1}(\gamma_R(u_1(0), u_2(0))) = \gamma_R(\bar{x}_1 \, e^{u_1(0)}, \bar{x}_2 \, e^{u_2(0)})$ positiv kompakt.

Zur Anwendung von Satz 1.10 gehört noch der Nachweis, daß im Falle $(x_1, x_2) \neq (\bar{x}_1, \bar{x}_2)$ die zu $\gamma_R(x_1, x_2)$ gehörige Limesmenge $\Omega(x_1, x_2)$ den einzigen Ruhepunkt $(\bar{x}_1, \bar{x}_2)$ nicht enthält. Dazu genügt es einzusehen, daß im Falle $(u_1(0), u_2(0)) \neq (0,0)$ die zu $\gamma_R(u_1(0), u_2(0))$ gehörige Limesmenge $\Omega(u_1(0), u_2(0))$ den Punkt $(0,0)$ nicht enthält. Zu dem Zweck betrachten wir einen Limespunkt $(u_1, u_2) \in \Omega(u_1(0), u_2(0))$. Dann gibt es nach Lemma 1.1 eine Folge $(t_n)_{n \in N_0}$ mit $t_n \to \infty$ und

$$u_1 = \lim_{n \to \infty} \, u_1(t_n) \, , \qquad u_2 = \lim_{n \to \infty} \, u_2(t_n) \, ,$$

wobei $u_1(t), u_2(t))$ eine Lösungskurve von (1.15) ist. Aus (1.16) ergibt sich dann

$$V(u_1, u_2) = k = V(u_1(0), u_2(0)) > 0 \, ,$$

was $(u_1, u_2) \neq (0,0)$ impliziert.

Satz 1.10 liefert somit das

Ergebnis: Die Omega-Limesmenge $\Omega(x_1, x_2)$ eines beliebigen Orbits $\gamma_R(x_1, x_2)$ durch ein $(x_1, x_2) \in X$ mit $(x_1, x_2) \neq (\bar{x}_1, \bar{x}_2)$ ist gleich $\gamma_+(x_1, x_2)$ und zugleich ein periodischer Orbit.

1.4 Stabilität von Zeit-kontinuierlichen dynamischen Systemen

Wie in Abschnitt 1.2 betrachten wir zunächst ein dynamisches System π auf einem metrischen Raum (X, d) mit $I = I\!R$.

Definition: Ein Ruhepunkt $x \in X$ des Flusses $\pi : X \times I\!R \to X$ heißt stabil, wenn zu jedem genügend kleinen $\varepsilon > 0$ ein $\delta = \delta(\varepsilon) > 0$ existiert mit

$$d(x, y) \leq \delta \Longrightarrow d(x, \pi(y, t)) \leq \varepsilon \quad \text{für alle} \quad t \geq 0 \; ,$$

und asymptotisch stabil, wenn x stabil ist und ein $\delta_0 > 0$ existiert mit

$$\lim_{t \to \infty} \pi(y, t) = x \quad \text{für alle} \quad y \in X \quad \text{mit} \quad d(x, y) \leq \delta_0 \; .$$

In Worten besagt die Stabilität, daß ein positiver Halborbit $\gamma_+(y)$ in beliebiger Nähe von x bleibt, wenn y nur in genügender Nähe von x liegt, und asymptotische Stabilität, wenn überdies eine Umgebung $\{y \in X \mid d(x, y) \leq \delta_0\} = V_{\delta_0}(x)$ existiert derart, daß $\gamma_+(y)$ für jedes $y \in V_{\delta_0}(x)$ dem Ruhepunkt x beliebig nahekommt.

Nach dieser Definition wenden wir uns jetzt dem ersten Beispiel für ein Zeit-kontinuierliches dynamisches System in Abschnitt 1.1 zu und betrachten wieder ein sog. autonomes System der Form

$$\dot{x} = f(x) \; , \tag{1.17}$$

wobei $f \in C^1(W, I\!R^n)$, $W \subseteq I\!R^n$ offen und zusammenhängend ist. Für jedes $x \in W$ gibt es dann genau eine Lösung $\varphi = \varphi(x, t)$, $t \in (-\alpha, \alpha)$ für ein $\alpha > 0$ von (1.17) mit $\varphi \in C^1((-\alpha, \alpha), W)$ und

$$\varphi(x, 0) = x \; .$$

Wir nehmen an, daß $\alpha = \infty$ ist.

Definiert man $\pi : X \times I\!R \to X$, $X = W$, vermöge

$$\pi(x, t) = \varphi(x, t) \; , \quad x \in X \; , \quad t \in I\!R \; ,$$

so erhält man, wie in Abschnitt 1.1 gezeigt, einen Fluß.

Ein Punkt $\bar{x} \in X$ ist genau dann ein Ruhepunkt dieses Flusses, wenn gilt $f(\bar{x}) = \theta_n =$ Nullvektor von $I\!R^n$.

Um hinreichende Bedingungen für Stabilität und asymptotische Stabilität eines solchen Ruhepunktes zu gewinnen, wollen wir die sog. direkte Methode von Lyapunov anwenden. Zu dem Zweck gehen wir aus von der folgenden

Definition: Eine Funktion $V : X \to I\!R$ heißt positiv-semidefinit, wenn V stetig ist und

$$V(x) \geq 0 \quad \text{für alle} \quad x \in X \; .$$

Eine positiv-semidefinite Funktion $V : X \to I\!R$ heißt positiv-definit in Bezug auf $\bar{x} \in X$, wenn gilt

$$V(\bar{x}) = 0 \quad \text{und} \quad V(x) > 0 \quad \text{für alle} \quad x \in X \quad \text{mit} \quad x \neq \bar{x} \ .$$

Eine Funktion $V : X \to I\!R$ heißt negativ-semidefinit (negativ-definit i.B.a. $\bar{x} \in X$), wenn $(-V) : X \to I\!R$ positiv-semidefinit (positiv-definit i.B.a. $\bar{x} \in X$) ist.

Ist eine Funktion $V \in C^1(X)$ vorgegeben, so definieren wir eine Funktion $\dot{V} : X \to I\!R$ vermöge

$$\dot{V}(x) = grad\,V(x)^T f(x) \quad \text{für} \quad x \in X \ . \tag{1.18}$$

Mit dieser Definition formulieren wir den

Satz 1.12: Sei $V \in C^1(X)$ positiv-definit in Bezug auf den Ruhepunkt $\bar{x} \in X$ und sei

$$\dot{V} \leq 0 \quad \text{für alle} \quad x \in X \quad (\text{d.h.} \ \dot{V} \text{ ist negativ-semidefinit}).$$

Dann ist $\bar{x}$ stabil.

Ist überdies $\dot{V}$ negativ-definit in Bezug auf $\bar{x}$, so ist $\bar{x}$ asymptotisch stabil.

Beweis: Da X offen ist, gibt es ein $r > 0$ derart, daß gilt $B_r(\bar{x}) \subseteq X$, wobei $B_r(\bar{x})$ die Kugel um $\bar{x}$ vom Radius r bezeichnet. Nun sei $\varepsilon \in (0, r)$ beliebig gewählt. Dann ist

$$k_\varepsilon = \min\{V(x)|\ \|x - \bar{x}\|_2 = \varepsilon\} > 0 \ ,$$

und wegen $V(\bar{x}) = 0$ und der Stetigkeit von V gibt es ein $\delta = \delta(\varepsilon)$ mit $0 < \delta < \varepsilon$ und

$$V(x) < k_\varepsilon \quad \text{für} \quad \|x - \bar{x}\|_2 \leq \delta \ .$$

Nun sei $y \in B_\delta(\bar{x})$. Dann folgt für die Lösung $x = x(t)$ von (1.17) mit $x(0) = y$ für jedes $t \geq 0$

$$\dot{V}(x(t)) = grad V(x(t))^T f(x(t)) = grad V(x(t))^T \dot{x}(t) = \frac{dV}{dt}(x(t))$$

und somit

$$V(x(t)) - V(y) = \int\limits_0^t \frac{dV}{dt}(x(\tau))\, d\tau = \int\limits_0^t \dot{V}(x(\tau))\, d\tau \leq 0$$

für ein $\tau \in (0, t)$, mithin $V(x(t)) \leq V(y) < k_\varepsilon$, was $x(t) \in B_\varepsilon(\bar{x})$ impliziert. Wäre nämlich $x(t) \notin B_\varepsilon(\bar{x})$, d.h. $\|\bar{x} - x(t)\|_2 > \varepsilon$, so gäbe es nach dem Zwischenwertsatz für stetige Funktionen ein $t^* \in (0, t)$ mit $\|\bar{x} - x(t^*)\|_2 = \varepsilon$, was $V(x(t^*)) \geq k_\varepsilon$ impliziert, ein Widerspruch gegen $V(x(t^*)) < k_\varepsilon$. Damit ist

$$\|\bar{x} - \pi(y, t)\|_2 \leq \varepsilon \quad \text{für alle} \quad t \geq 0 \quad \text{und alle} \quad y \in B_\delta(\bar{x}) \ ,$$

was die Stabilität von $\bar{x}$ beweist.

Aus der Stabilität von $\bar{x}$ folgt insbesondere die Existenz von $b_0 > 0$ und $h > 0$ derart, daß für jede Lösung $x = x(t)$ von (1.17) mit $x(0) = x_0$ gilt

$$\|\bar{x} - x(t)\|_2 < h \quad \text{für alle} \quad t \geq 0, \quad \text{falls} \quad \|x_0 - \bar{x}\|_2 < b_0 \ .$$

Auch gibt es zu jedem genügend kleinen $\varepsilon > 0$ ein $\delta = \delta(\varepsilon) < \varepsilon$ mit

$$\|\bar{x} - x(t)\|_2 < \varepsilon \quad \text{für alle} \quad t \geq 0, \quad \text{falls} \quad \|x_0 - \bar{x}\|_2 < \delta \ .$$

Zum Nachweis der asymptotischen Stabilität genügt es zu zeigen, daß ein $T_\varepsilon > 0$ existiert mit

$$\|\bar{x} - x(t)\|_2 < \varepsilon \quad \text{für alle} \quad t \geq T_\varepsilon, \quad \text{falls} \quad \|x_0 - \bar{x}\|_2 < b_0 \ .$$

Annahme: Es gibt ein $x_0 \in X$ mit

$$\|x_0 - \bar{x}\|_2 < b_0 \quad \text{und} \quad \|\bar{x} - x(t)\|_2 \geq \delta(\varepsilon) \quad \text{für ein} \quad t \geq 0 \ .$$

Sei $\gamma > 0$ so gewählt, daß gilt

$$\dot{V}(x(t)) \leq -\gamma, \quad \text{falls} \quad \delta(\varepsilon) \leq \|\bar{x} - x(t)\|_2 < h \ .$$

Dann folgt $\frac{dV}{dt}(x(t)) \leq -\gamma$ und somit

$$V(x(t)) \leq V(x_0) - \gamma t, \quad \text{falls} \quad \delta(\varepsilon) \leq \|\bar{x} - x(t)\|_2 < h \ .$$

Seien $\beta, k > 0$ so gewählt, daß gilt

$$\beta \leq V(x) \leq k, \quad \text{falls} \quad \delta(\varepsilon) \leq \|\bar{x} - x\|_2 < h \ .$$

Dann setzen wir $T_\varepsilon = \frac{k-\beta}{\gamma}$ und folgern für $t > T_\varepsilon$

$$V(x(t)) < V(x_0) - \gamma T_\varepsilon \leq k - (k - \beta) = \beta \ .$$

Daher muß es ein $t_0 \in [0, T_\varepsilon]$ geben mit $\|\bar{x} - x(t_0)\| < \delta(\varepsilon)$.

Aus der Stabilität von $\bar{x}$ folgt daher

$$\|\bar{x} - x(t)\|_2 < \varepsilon \quad \text{für alle} \quad t \geq t_0 \quad \text{und erst recht für alle} \quad t \geq T_\varepsilon \ ,$$

was den Beweis vollendet.

Wir wollen Satz 1.12 anhand zweier Beispiele illustrieren. Als erstes betrachten wir das System

$$\begin{aligned}
\dot{u}_1(t) &= -c(1 - e^{u_2(t)}) \ , \\
\dot{u}_2(t) &= r(1 - e^{u_1(t)}), \quad t \in I\!R \ .
\end{aligned} \tag{1.15}$$

Der einzige Ruhepunkt dieses Systems ist $(0,0)$.
Definiert man $V : X = I\!R^2 \to I\!R$ vermöge

$$V(u_1, u_2) = r(e^{u_1} - u_1) + c(e^{u_2} - u_2) - r - c$$

für $(u_1, u_2) \in I\!R^2$, so folgt

$$V(0,0) = 0 \quad \text{und} \quad V(u_1, u_2) > 0 \quad \text{für alle} \quad (u_1, u_2) \neq (0,0) \ .$$

Die Funktion V ist offenbar auch stetig und somit positiv-definit in Bezug auf $(0,0)$.
Weiter ist $V \in C^1(X)$, und es folgt aus (1.18)

$$\dot{V}(u_1, u_2) = -rc(e^{u_1} - 1)(1 - e^{u_2}) + rc(e^{u_2} - 1)(1 - e^{u_1}) = 0$$

für alle $(u_1, u_2) \in X$. Die Funktion $\dot{V} : X \to I\!R$ ist also negativ-semidefinit.
Nach Satz 1.12 ist daher $(0,0)$ ein stabiler Ruhepunkt des Systems (1.15).

Als zweites Beispiel gehen wir aus von einer Modifikation des Systems (1.14) und betrachten das System

$$\begin{aligned}
\dot{x}_1(t) &= -cx_1(t) - bx_1(t)^2 + ax_1(t)\, x_2(t) \\
\dot{x}_2(t) &= rx_2(t) - kx_2(t)^2 - px_1(t)\, x_2(t) \ , \quad t \in I\!R \ ,
\end{aligned} \tag{1.19}$$

wobei wiederum $a, b, c, k, p, r \in I\!R$ positive Konstanten sind.

Wir wählen wieder $X = \{(x_1, x_2) \mid x_1 > 0, x_2 > 0\}$. Verlangt man noch, daß gilt $ra - kc > 0$, so ist der einzige Ruhepunkt $(\bar{x}_1, \bar{x}_2) \in X$ gegeben durch

$$\bar{x}_1 = \frac{ra - kc}{bk + ap} \ , \quad \bar{x}_2 = \frac{br + pc}{bk + ap} \ .$$

Macht man die Substitution

$$u_1(t) = \ell n\, \Big(\frac{x_1(t)}{\bar{x}_1}\Big) \ , \quad u_2(t) = \ell n\, \Big(\frac{x_2(t)}{\bar{x}_2}\Big) \ ,$$

so geht das System (1.19) über in das System

$$\begin{aligned}
\dot{u}_1(t) &= b\bar{x}_1\,(1 - e^{u_1(t)}) - a\bar{x}_2\,(1 - e^{u_2(t)}) \\
\dot{u}_2(t) &= p\bar{x}_1\,(1 - e^{u_1(t)}) + k\bar{x}_2\,(1 - e^{u_2(t)}) \ , \quad t \in I\!R \ .
\end{aligned} \tag{1.20}$$

Der einzige Ruhepunkt dieses Systems ist $(0,0)$.
Definiert man $V : X = I\!R^2 \to I\!R$ vermöge

$$V(u_1, u_2) = p\bar{x}_1\,(e^{u_1} - u_1) + a\bar{x}_2\,(e^{u_2} - u_2) - p\bar{x}_1 - a\bar{x}_2$$

für $(u_1, u_2) \in I\!R^2$, so ist V stetig,

$$V(0,0) = 0 \quad \text{und} \quad V(u_1, u_2) > 0 \quad \text{für alle} \quad (u_1, u_2) \neq (0,0) \ .$$

Die Funktion V ist also positiv-definit in Bezug auf $(0,0)$. Weiter ist auch $V \in C^1(X)$, und es folgt aus (1.18)

$$\dot{V}(u_1, u_2) = -pb\,\bar{x}_1^2\,(1 - e^{u_1})^2 - ak\,\bar{x}_2^2(1 - e^{u_2})^2$$

für alle $(u_1, u_2) \in X$.
  Daraus folgt $\dot{V} \in C(X)$,

$$\dot{V}(0,0) = 0 \quad \text{und} \quad \dot{V}(u_1, u_2) < 0 \quad \text{für alle} \quad (u_1, u_2) \neq (0,0) \ .$$

Damit ist $\dot{V}$ negativ-definit in Bezug auf $(0,0)$ und somit nach Satz 1.12 der Punkt $(0,0)$ ein asymptotisch stabiler Ruhepunkt des Systems (1.20).
  Nach diesen beiden Beispielen betrachten wir ein lineares System

$$\dot{x} = Ax \ , \quad x \in I\!R^n \ . \tag{1.21}$$

Wir nehmen an, daß A eine reelle $n \times n$-Matrix ist, deren sämtliche Eigenwerte negative Realteile haben. Daraus folgt, daß A nicht-singulär ist und $x = \theta_n$ der einzige Ruhepunkt des Systems (1.21).
  Nun sei C eine beliebige symmetrische und positiv-definite Matrix. Dann definieren wir die symmetrische und positiv-definite Matrix

$$B = \int\limits_0^\infty e^{tA^T} C\, e^{tA}\, dt$$

(B ist wohldefiniert, da es positive Konstanten K und α gibt mit $\|e^{tA}\| \leq Ke^{-\alpha t}, t \geq 0$). Definiert man

$$V(x) = x^T Bx \ , \quad x \in I\!R^n \ ,$$

so folgt, daß $V : I\!R^n \to I\!R_+$ positiv-definit in Bezug auf θ_n ist.
  Weiter folgt aus (1.18) für jedes $x \in I\!R^n$

$$\dot{V}(x) = 2x^T BAx = x^T BAx + x^T A^T Bx = x^T (BA + A^T B)\, x \ ,$$

und wegen

$$A^T B + BA = \int\limits_0^\infty \frac{d}{dt}(e^{tA^T} C\, e^{tA})\, dt = -C$$

ist $\dot{V}$ negativ-definit in Bezug auf θ_n. Nach Satz 1.12 ist daher θ_n ein asymptotisch stabiler Ruhepunkt des Systems (1.21). Aus der asymptotischen Stabilität von θ_n folgt auch, daß die Eigenwerte der Matrix A in (1.21) nur negative Realteile haben (vgl. dazu: H.W. Knobloch u. F. Kappel: Gewöhnliche Differentialgleichungen, Verlag B.G. Teubner, Stuttgart 1974, Kap. III, Satz 7.5).
  Wir kehren zum System

$$\dot{x} = f(x) \tag{1.17}$$

zurück. Wir erinnern daran, daß $f \in C^1(W, I\!\!R^n)$ vorausgesetzt ist. Nun sei $\bar{x} \in W$ ein Ruhepunkt dieses Systems, d.h. es gelte $f(\bar{x}) = \theta_n$. Für jedes $x \in W$ gibt es dann eine Darstellung

$$f(x) = A(x - \bar{x}) + r\,(x - \bar{x})\;,$$

wobei $A = (\frac{\partial f_i}{\partial x_j}(\bar{x}))_{i,j=1,\ldots,n}$ die Jacobi-Matrix von f in $\bar{x}$ ist und $r : (W - \bar{x}) \to I\!\!R^n$ eine Vektorfunktion mit

$$\lim_{\|x-\bar{x}\|_2 \to 0} \frac{\|r(x - \bar{x})\|_2}{\|x - \bar{x}\|_2} = 0\;.$$

Wir nehmen an, A besitze nur Eigenwerte mit negativen Realteilen. Auf Grund der obigen Betrachtungen gibt es dann eine symmetrische positiv-definite Matrix B derart, daß gilt

$$A^T B + BA = -I\;, \quad \text{wobei} \quad I = n \times n\text{-Einheitsmatrix}\;.$$

Definiert man

$$V(x) = (x - \bar{x})^T\, B(x - \bar{x}) \quad \text{für} \quad x \in W\;,$$

so ist V positiv definit in Bezug auf $\bar{x}$. Weiter folgt aus (1.18)

$$\begin{aligned}
\dot{V}(x) &= (x - \bar{x})^T\, Bf(x) + f(x)^T\, B(x - \bar{x}) \\
&= (x - \bar{x})^T\, (BA + A^T B)(x - \bar{x}) + 2(x - \bar{x})^T\, Br(x - \bar{x}) \\
&\leq -\|x - \bar{x}\|_2^2 + 2\|x - \bar{x}\|_2 \,\|B\|\, \|r(x - \bar{x}\|_2 \\
&= -\|x - \bar{x}\|_2^2\,(1 - 2\,\|B\|\,\varepsilon(\|x - \bar{x}\|_2))\;,
\end{aligned}$$

wobei

$$\varepsilon(\|x - \bar{x}\|_2) = \frac{\|r(x - \bar{x})\|_2}{\|x - \bar{x}\|_2} \to 0 \quad \text{für} \quad \|x - \bar{x}\|_2 \to 0\;.$$

Sei $r > 0$ so gewählt, daß gilt

$$\varepsilon(\|x - \bar{x}\|_2) \leq \frac{1}{4\|B\|} \quad \text{für alle} \quad x \in I\!\!R^n \quad \text{mit} \quad \|x - \bar{x}\|_2 \leq r$$

und $B_r(\bar{x}) = \{x \in I\!\!R^n|\; \|x - \bar{x}\|_2 \leq r\} \subseteq W$.

Dann ist $\dot{V}$ negativ-definit auf $B_r(\bar{x})$ in Bezug auf $\bar{x}$, was ausreicht, um einzusehen, daß $\bar{x}$ ein asymptotisch stabiler Ruhepunkt von (1.17) ist (vgl. den Beweis von Satz 1.12).
Zusammenfassend haben wir damit den

Satz 1.12*: Sei $\bar{x} \in W$ ein Ruhepunkt des Systems (1.17) derart, daß die Jacobi-Matrix $(\frac{\partial f_i}{\partial x_j}(\bar{x}))_{i,j=1,\ldots,n}$ nur Eigenwerte mit negativen Realteilen besitzt. Dann ist $\bar{x}$ asymptotisch stabil.

Wir wollen diesen Satz noch an dem System

$$
\begin{aligned}
\dot{u}_1 &= -a\bar{x}_2(1 - e^{u_2}) , \\
\dot{u}_2 &= p\,\bar{x}_1(1 - e^{u_1}) + k\bar{x}_2(1 - e^{u_2}), \quad (u_1, u_2) \in I\!\!R^2 ,
\end{aligned}
\tag{1.20}
$$

illustrieren, wobei

$$
\bar{x}_1 = \frac{1}{p}\left(r - k\frac{c}{a}\right) , \quad \bar{x}_2 = \frac{c}{a} ,
$$

$a, c, k, p, r > 0$ und $ra - kc > 0$ ist.

Der Punkt $(0,0)$ ist der einzige Ruhepunkt dieses Systems. Die Jacobi-Matrix der rechten Seite von (1.20) ist gegeben durch

$$
\begin{pmatrix}
0 & a\,\bar{x}_2\,e^{u_2} \\
-p\,\bar{x}_1\,e^{u_1} & -k\,\bar{x}_2\,e^{u_2}
\end{pmatrix} , \quad (u_1, u_2) \in I\!\!R^2 .
$$

Für $u_1 = 0, u_2 = 0$ ergibt sich somit die Matrix

$$
A = \begin{pmatrix}
0 & a\,\bar{x}_2 \\
-p\,\bar{x}_1 & -k\,\bar{x}_2
\end{pmatrix}
$$

mit den Eigenwerten

$$
\lambda_{1,2} = -\frac{k\bar{x}_2}{2} \pm \sqrt{\frac{k^2\bar{x}_2^2}{4} - a\,p\,\bar{x}_1\bar{x}_2} ,
$$

die entweder beide reell und negativ sind oder einen negativen Realteil haben.

Nach Satz 1.12* ist daher $(0,0)$ ein asymptotisch stabiler Ruhepunkt des Systems (1.20).

Abschließend betrachten wir den Fall $n = 2$, d.h. das System

$$
\left.\begin{aligned}
\dot{x}_1 &= f_1(x_1, x_2), \\
\dot{x}_2 &= f_2(x_1, x_2),
\end{aligned}\right\} (x_1, x_2) \in W \subseteq I\!\!R^2 ,
\tag{1.7}
$$

wobei W nichtleer, offen und zusammenhängend ist und $f_1, f_2 \in C^1(W)$.

Sei $(\bar{x}_1, \bar{x}_2) \in W$ ein Ruhepunkt dieses Systems. Dann lautet die Jacobi-Matrix der rechten Seite von (1.7) in $(\bar{x}_1, \bar{x}_2)$

$$
\begin{pmatrix}
f_{1x_1}(\bar{x}_1, \bar{x}_2) & f_{1x_2}(\bar{x}_1, \bar{x}_2) \\
f_{2x_1}(\bar{x}_1, \bar{x}_2) & f_{2x_2}(\bar{x}_1, \bar{x}_2)
\end{pmatrix} ,
$$

und ihre Eigenwerte sind gegeben durch

$$
\lambda_{1,2} = \tfrac{1}{2}\left(f_{1x_1}(\bar{x}_1, \bar{x}_2) + f_{2x_2}(\bar{x}_1, \bar{x}_2)\right)
$$
$$
\pm\sqrt{\tfrac{1}{4}(f_{1x_1}(\bar{x}_1, \bar{x}_2) + f_{2x_2}(\bar{x}_1, \bar{x}_2))^2 - (f_{1x_1}(\bar{x}_1, \bar{x}_2)f_{2x_2}(\bar{x}_1, \bar{x}_2) - f_{1x_2}(\bar{x}_1, \bar{x}_2)f_{2x_1}(\bar{x}_1, \bar{x}_2))} .
$$

Unter den Annahmen

$$f_{1x_1}(\bar{x}_1,\bar{x}_2) + f_{2x_2}(\bar{x}_1,\bar{x}_2) < 0 \, ,$$

$$f_{1x_1}(\bar{x}_1,\bar{x}_2)\, f_{2x_2}(\bar{x}_1,\bar{x}_2) - f_{1x_2}(\bar{x}_1,\bar{x}_2)\, f_{2x_1}(\bar{x}_1,\bar{x}_2) > 0 \tag{1.22}$$

sind λ_1 und λ_2 entweder beide reell und negativ oder haben einen negativen Realteil, woraus folgt, daß $(\bar{x}_1,\bar{x}_2)$ asymptotisch stabil ist.

1.5   Diskrete dynamische Systeme

1.5.1   Grundlegende Definitionen

In Abschnitt 1.1 haben wir bereits die allgemeine Definition eines diskreten dynamischen Systems gegeben. Hier soll ein repräsentativer Spezialfall genauer untersucht werden. Dazu gehen wir aus von einer nichtleeren Teilmenge $D \subseteq I\!R^r$ und einer stetigen Abbildung $f : D \to D$. Wählt man $I = I\!N_0$, $X = D$, versehen mit der Metrik

$$d(x,y) = \|x - y\|_2 \, , \quad x,\, y \in X \, , \tag{1.23}$$

$\| \cdot \|_2 =$ Euklidische Norm von $I\!R^r$, und definiert $\pi : X \times I \to X$ vermöge

$$\left. \begin{aligned} \pi(x,n) = f^n(x) = \underbrace{f \circ f \circ \ldots \circ f}_{n-\text{mal}}(x) \quad &\text{für alle} \quad x \in D \quad \text{und} \quad n \in I\!N \\ \text{sowie} \qquad\qquad\qquad\qquad\qquad & \\ \pi(x,0) = f^0(x) = x \quad \text{für alle} \quad x \in D \, , \qquad & \end{aligned} \right\} \tag{1.24}$$

dann ist π ein Fluß auf $X = D$; denn π ist stetig, hat die Identitätseigenschaft (nach Def. (1.24)) und auch die Halbgruppeneigenschaft; denn aus (1.24) folgt für jedes $x \in X$

$$\pi(\pi(x,n),m) = \pi(f^n(x),m) = f^{n+m}(x) = \pi(x,n+m)$$

für alle $m, n \in I\!N_0$.

Ist umgekehrt $\pi : X \times I \to X$ ein diskreter Fluß und definiert man $f(x) = \pi(x,1)$ für alle $x \in X$, so ist $f : X \to X$ eine stetige Abbildung, und es ist $f^n(x) = \pi(x,n)$ für alle $(x,n) \in X \times I$. Damit sind durch den repräsentativen Spezialfall auch alle diskreten dynamischen Systeme erfaßt.

Für jedes $x \in X = D$ lautet die durch (1.1) definierte Trajektorie durch x

$$\gamma_I(x) = \bigcup_{n \in I\!N_0} \{f^n(x)\} \, , \tag{1.25}$$

und die Limesmenge (1.2) ist gegeben durch

$$L_I(x) = \bigcap_{n \in I\!N_0} \overline{\bigcup_{m \geq n} \{f^m(x)\}} \, . \tag{1.26}$$

Analog zu Lemma 1.1 gilt der

Satz 1.13: Die Limesmenge $L_I(x)$ nach (1.26) besteht für jedes $x \in X = D$ aus allen Häufungspunkten der Folge $(f^n(x))_{n \in \mathbb{N}_0}$.

Beweis = Übung.

Definition: Eine nichtleere Teilmenge $H \subseteq \mathbb{R}^r$ heißt (bzgl. f) positiv-(negativ-)invariant, falls gilt $f(H) \subseteq H$ ($H \subseteq f(H)$), und invariant, falls H sowohl positiv- als auch negativ-invariant ist, d.h., falls gilt $f(H) = H$.

Übung: Man zeige

(a) Die abgeschlossene Hülle einer positiv-invarianten Teilmenge von $\mathbb{R}^r$ ist positiv-invariant.

(b) Die abgeschlossene Hülle einer beschränkten invarianten Teilmenge von $\mathbb{R}^r$ ist invariant.

Auf Grund von Satz 1.13 kann die Limesmenge $L_I(x)$ nach (1.26) leer sein, nämlich, wenn die Folge $(f^n(x))_{n \in \mathbb{N}_0}$ für ein $x \in X = D$ keinen Häufungspunkt besitzt. Ist das nicht der Fall, so gilt der

Satz 1.14: Ist für ein $x \in X = D$ die durch (1.26) definierte Limesmenge $L_I(x)$ nichtleer, so ist sie positiv-invariant und abgeschlossen. Ist die Folge $(f^n(x))_{n \in \mathbb{N}_0}$ beschränkt, so ist $L_I(x)$ nichtleer, kompakt, invariant und zugleich die kleinste abgeschlossene Teilmenge $S \subseteq \mathbb{R}^r$ mit

$$\lim_{n \to \infty} \rho(f^n(x), S) = 0 , \quad \text{wobei} \quad \rho(z, S) = \min\{\|z - y\|_2 \mid y \in S\} . \tag{1.27}$$

Beweis: $L_I(x)$ ist als Durchschnitt abgeschlossener Teilmengen von $\mathbb{R}^n$ wiederum abgeschlossen. Ist $y \in L_I(x)$ vorgegeben, so gibt es nach Satz 1.13 eine monotone Folge $(n_i)_{i \in \mathbb{N}_0}$ in $\mathbb{N}_0$ mit $\lim_{i \to \infty} f^{n_i}(x) = y$. Auf Grund der Stetigkeit von f ist daher $\lim_{i \to \infty} f^{n_i+1}(x) = f(y)$ und somit auch $f(y) \in L_I(x)$, mithin $f(L_I(x)) \subseteq L_I(x)$ und somit $L_I(x)$ positiv invariant.

Ist die Folge $(f^n(x))_{n \in \mathbb{N}_0}$ beschränkt, so besitzt sie mindestens einen Häufungspunkt, und $L_I(x)$ ist nach Satz 1.13 nichtleer. Wegen $L_I(x) \subseteq \bigcup_{m=0}^{\infty} \{f^m(x)\}$ ist $L_I(x)$ beschränkt und somit kompakt.

Ist wiederum $y \in L_I(x)$ gegeben, so gibt es nach Satz 1.13 eine monotone Folge $(n_i)_{i \in \mathbb{N}_0}$ in $\mathbb{N}_0$ mit $\lim_{i \to \infty} f^{n_i}(x) = y$. Da auch die Folge $(f^{n_i-1}(x))_{i \in \mathbb{N}_0}$ beschränkt ist, können wir o.B.d.A. annehmen, daß ein $z \in L_I(x)$ existiert mit $\lim_{i \to \infty} f^{n_i-1}(x) = z$. Aus der Stetigkeit von f folgt daher $y = \lim_{i \to \infty} f^{n_i}(x) = f(z)$, womit auch $L_I(x) \subseteq f(L_I(x))$

bewiesen ist, so daß die Invarianz von $L_I(x)$ folgt. Da die Folge $(f^n(x))_{n \in N_0}$ und die Menge $L_I(x)$ beschränkt sind, ist auch die Folge $\rho(f^n(x), L_I(x))$ beschränkt. Gilt nun $\rho(f^n(x), L_I(x)) \not\to 0$ für $n \to \infty$, so gibt es eine monotone Teilfolge $(n_i)_{i \in N_0}$ von $I\!N_0$ derart, daß $(f^{n_i}(x))_{i \in N_0}$ gegen ein $y \in L_I(x)$ konvergiert, jedoch $(\rho(f^{n_i}(x), L_I(x)))_{i \in N_0}$ nicht gegen Null, ein Widerspruch. Damit folgt

$$\lim_{n \to \infty} \rho(f^n(x), L_I(x)) = 0 \ .$$

Sei nun $S \subseteq I\!R^r$ abgeschlossen und derart, daß gilt

$$\lim_{n \to \infty} \rho(f^n(x), \ S) = 0 \ .$$

Nach Satz 1.13 gibt es zu jedem $y \in L_I(x)$ eine monotone Folge $(n_i)_{i \in N_0}$ in $I\!N_0$ mit $\lim_{i \to \infty} f^{n_i}(x) = y$. Weiter folgt $\lim_{i \to \infty} \rho(f^{n_i}(x), S) = 0$ und somit $y \in S$, da S abgeschlossen ist. Damit ist $L_I(x) \subseteq S$ und somit die kleinste abgeschlossene Teilmenge von $I\!R^r$, für die (1.27) erfüllt ist. Das beendet den Beweis von Satz 1.14.

Für gewöhnliche Differentialgleichungen wie im ersten Beispiel in Abschnitt 1.1, deren Lösungen stetige Kurven sind, kann man zeigen, daß die Omega-Limesmenge beschränkter Lösungen zusammenhängend ist (vgl. dazu Satz 1.5). Hier muß der Begriff des Zusammenhangs mit dem der Invarianz verbunden werden.

Definition: Eine abgeschlossene invariante Teilmenge von $I\!R^r$ heißt invariant zusammenhängend, wenn sie nicht als disjunkte Vereinigung zweier nichtleerer invarianter abgeschlossener Teilmengen von $I\!R^r$ darstellbar ist.

Definition: Eine Folge $(f^n(x))_{n \in N_0}$, $x \in X = D$, heißt periodisch oder zyklisch, wenn es ein $k \in I\!N$ gibt mit $f^k(x) = x$. Die kleinste Zahl $k \in I\!N$ mit dieser Eigenschaft heißt Periode der Folge oder Ordnung des Zyklus. Ist $k = 1$, so heißt $x \in X$ ein Fixpunkt von $f : X \to X$.

Übung: Man zeige, daß eine endliche Teilmenge $H \subseteq I\!R^r$ genau dann invariant zusammenhängend ist, wenn für jedes $x \in H$ die Folge $(f^n(x))_{n \in N_0}$ periodisch ist und die Periode gleich der Anzahl der Elemente von H.

In Ergänzung zu Satz 1.14 gilt der

Satz 1.15: Ist für ein $x \in X = D$ die Folge $(f^n(x))_{n \in N_0}$ beschränkt, so ist $L_I(x)$ invariant zusammenhängend.

Beweis: Wir nehmen an, es gäbe zwei abgeschlossene, nichtleere, invariante Teilmengen A_1 und A_2 von $L_I(x)$, die disjunkt sind und für die gilt $L_I(x) = A_1 \cup A_2$.

Da $L_I(x)$ kompakt ist, sind auch A_1 und A_2 kompakt, und es gibt disjunkte offene Mengen U_1 und U_2, d.h. relativ offen bzgl. D, mit $A_1 \subseteq U_1$ und $A_2 \subseteq U_2$. Da f auf A_1 gleichmäßig stetig ist, gibt es eine offene Menge V_1, d.h. relativ offen bzgl. D, mit $A_1 \subseteq V_1$ und $f(V_1) \subseteq U_1$. Da $L_I(x)$ die kleinste abgeschlossene Teilmenge $S \subseteq I\!\!R^r$ ist mit (1.27), muß die Folge $(f^n(x))_{n \in I\!\!N_0}$ sowohl V_1 als auch U_2 unendlich oft schneiden. Daraus ergibt sich die Existenz einer Teilfolge $(f^{n_i}(x))_{i \in I\!\!N_0}$, die weder in V_1 noch in U_2 enthalten ist und die wir o.B.d.A. als konvergent annehmen können. Das ist aber nicht möglich und führt zu einem Widerspruch gegen die Annahme, $L_I(x)$ sei nicht invariant zusammenhängend.

Übung: Gegeben sei eine kompakte und positiv-invariante Teilmenge $K \subseteq I\!\!R^r$. Man zeige, daß die Menge $\bigcap_{n=0}^{\infty} f^n(K)$ mit $f^n(K) = \{f^n(x)|\ x \in K\}$ für alle $n \in I\!\!N_0$ nichtleer, kompakt und die größte invariante Teilmenge von K ist.

1.5.2 Lyapunov-Funktionen und eine Erweiterung der direkten Methode von Lyapunov

Im Folgenden wollen wir eine auf Lyapunov zurückgehende Methode angeben, mit deren Hilfe man die durch (1.26) definierte Limesmenge $L_I(x)$, $x \in X = D$ genauer lokalisieren kann. Zu dem Zweck nehmen wir an, es sei $D = I\!\!R^m$, und denken uns eine weitere Funktion $V : I\!\!R^m \to I\!\!R$ vorgegeben. Damit definieren wir:

$$\dot{V}(x) = V(f(x)) - V(x) , \quad x \in I\!\!R^m . \tag{1.28}$$

Definition: Sei $G \subseteq I\!\!R^m$ nichtleer. Wir sagen, daß V eine Lyapunov-Funktion in Bezug auf f auf G ist, wenn

(1) V auf $I\!\!R^m$ stetig ist,

(2) $\dot{V}(x) \leq 0$ ist für alle $x \in G$.

Ist V eine Lyapunov-Funktion i.B.a. f auf G, so definieren wir

$$E = \{x \in I\!\!R^m|\ \dot{V}(x) = 0,\ x \in \bar{G}\} ,$$

wobei $\bar{G}$ die abgeschlossene Hülle von G ist. Weiter sei

$$V^{-1}(c) = \{x \in I\!\!R^m|\ V(x) = c\}$$

für jedes $c \in I\!\!R$. Nach diesen Vorbereitungen beweisen wir den

Satz 1.16: Sei V eine Lyapunov-Funktion i.B.a. f auf G und $x_0 \in G$ derart, daß die Folge $(f^n(x_0))_{n \in I\!\!N_0}$ beschränkt ist und in G enthalten. Dann gibt es eine Zahl $c \in I\!\!R$ derart, daß gilt:

$$L_I(x_0) \subseteq M \cap V^{-1}(c) ,$$

wobei M die größte invariante Teilmenge von E ist.

Beweis: Da $(f^n(x_0))_{n \in I\!N_0}$ in G enthalten und beschränkt ist, gibt es eine kompakte Teilmenge K von $\bar{G}$, in der $(f^n(x_0)_{n \in I\!N_0})$ enthalten ist. Setzt man $x_n = f^n(x_0)$, $n \in I\!N_0$, so ist die Folge $(V(x_n)_{n \in I\!N})$ in $V(K)$ enthalten und somit ebenfalls beschränkt. Weiter ist

$$\dot{V}(x_n) = V(x_{n+1}) - V(x_n) \leq 0 \quad \text{für alle} \quad n \in I\!N_0 \ .$$

Daher existiert ein $c \in I\!R$ mit $c = \lim_{n \to \infty} V(x_n)$.

Nun sei $p \in L_I(x_0)$. Dann gibt es nach Satz 1.13 eine monotone Teilfolge $(n_i)_{i \in I\!N_0}$ von $I\!N_0$ mit $x_{n_i} \to p$, woraus wegen der Stetigkeit von V folgt, daß $c = \lim_{i \to \infty} V(x_{n_i}) = V(p)$ ist. Damit ist $p \in V^{-1}(c)$ und somit $L_I(x_0) \subseteq V^{-1}(c)$. Da $L_I(x_0)$ nach Satz 1.14 invariant ist, folgt $V(f(p)) = c$ für alle $p \in L_I(x_0)$ und somit $\dot{V}(p) = V(f(p)) - f(p) = 0$, mithin $L_I(x_0) \subseteq E$, was $L_I(x_0) \subseteq M$ impliziert und den Beweis vollendet.

Wir wollen diesen Satz an einem Beispiel demonstrieren: Sei $m = 2$ und $f : I\!R^2 \to I\!R^2$ sei definiert durch $f(x,y) = (f_1(x,y), f_2(x,y))$ mit

$$f_1(x,y) = \frac{ay}{1 + x^2} \ , \qquad f_2(x,y) = \frac{bx}{1 + y^2} \ ,$$

$(x,y) \in I\!R^2$. Weiter sei

$$V(x,y) = x^2 + y^2 \ , \quad (x,y) \in I\!R^2 \ .$$

Dann ist V auf $I\!R^2$ stetig und

$$\dot{V}(x,y) = (\frac{b^2}{(1 + y^2)^2} - 1)\, x^2 + (\frac{a^2}{(1 + x^2)^2} - 1)\, y^2 \ ,$$

$(x,y) \in I\!R^2$. Wir machen jetzt die folgende

Fallunterscheidung:

(1) $a^2 < 1$ und $b^2 < 1$. Dann folgt

$$\dot{V}(x,y) \leq (b^2 - 1)\, x^2 + (a^2 - 1)\, y^2 \leq 0 \quad \text{für alle} \quad (x,y) \in I\!R^2 \ ,$$

und V ist eine Lyapunov-Funktion i.B.a. f auf $I\!R^2$.

Weiter ist $E = M = \{(0,0)\}$, und für jedes $(x_0, y_0) \in I\!R^2$ ist die Folge $(f^n(x_0, y_0))_{n \in I\!N_0}$ beschränkt (Übung). Das gilt sogar für $a^2 \leq 1$ und $b^2 \leq 1$. Nach Satz 1.16 ist daher $L_I(x_0, y_0) = \{(0,0)\}$.

(2) $a^2 \leq 1$ oder $b^2 \leq 1$ und $a^2 + b^2 < 2$. Sei o.B.d.A. $a^2 < 1$ und $b^2 = 1$. Dann ist ebenfalls

$$\dot{V}(x,y) \leq 0 \quad \text{für alle} \quad (x,y) \in I\!R^2$$

und V eine Lyapunov-Funktion i.B.a. f auf $I\!R^2$. Weiter ist $E = \{(0,x)|\ x \in I\!R\} = y$-Achse. Wegen $f(x,0) = (0,bx)$ für $x \in I\!R$ folgt wiederum $M = \{(0,0)\}$ und daraus $L_i(x_0, y_0) = \{(0,0)\}$ nach Satz 1.16.

(3) $a^2 = b^2 = 1$. Auch in diesem Fall ist V eine Lyapunov-Funktion i.B.a. f auf $I\!\!R^2$. Weiter ist

$$E = \{(x,0)\mid x \in I\!\!R\} \quad \{(0,y)\mid y \in I\!\!R\} \ ,$$

woraus $M = E$ folgt. Nach Satz 1.16 gibt es somit für jedes $x_0 \in I\!\!R^2$ ein $c \in I\!\!R$ mit $L_I(x_0, y_0) \subseteq M \cap \{(x,y)\mid x^2 + y^2 = c^2\}$, woraus $L_I(x_0) \subseteq \{(c,0), (0,c), (-c,0), (0,-c)\}$ folgt.

Weitere Fallunterscheidung:

(α) $a \cdot b = 1$. Dann ist

$$f(c,0) = (0, bc) \ , \quad f^2(c,0) = f(0, bc) = (abc, 0) = (c, 0) \ .$$

Da $L_I(x_0, y_0)$ nach Satz 1.14 invariant ist und nach Satz 1.15 invariant zusammenhängend, folgt auf Grund der Übung zur Definition von "periodisch" notwendig

$$L_I(x_0, y_0) \ = \ \{(c,0), (0,c)\} \qquad \text{(im Falle } b = 1\text{)} \quad \text{oder}$$
$$L_I(x_0, y_0) \ = \ \{(c,0), (0,-c)\} \quad \text{(im Falle } b = -1\text{)} \ .$$

(β) $a \cdot b = -1$. Dann ist

$$f(c,0) \ = \ (0, bc) \ , \quad f^2(c,0) = (-c, 0), \quad f^3(c,0) = (0, -bc) \quad \text{und}$$
$$f^4(c,0) \ = \ f(0, -bc) = (-abc, 0) = (c, 0) \ .$$

Hieraus folgt wie in (α) notwendig

$$L_I(x_0, y_0) = \{(c,0), \ (0,c), \ (-c,0), \ (0,-c)\} \ .$$

(4) $a^2 > 1$ und $b^2 > 1$. Für jedes $\delta > 0$ definieren wir

$$B_\delta = \{(x,y) \in I\!\!R^2 \mid x^2 + y^2 < \delta^2\} \ .$$

Dann gilt für genügend kleines $\delta > 0$

$$\dot{V}(x,y) > \left(\frac{b^2}{1 + \delta^2} - 1\right) x^2 + \left(\frac{a^2}{1 + \delta^2} - 1\right) y^2 \geq 0$$

für alle $(x,y) \in B_\delta$. Die Funktion $-V(x,y) = -x^2 - y^2$ ist daher eine Lyapunov-Funktion i.B.a. f auf B_δ, und es folgt $E = M = \{(0,0)\}$.

Wählt man $(x_0, y_0) \in B_\delta$ mit $(x_0, y_0) \neq (0,0)$, so ist die Folge $(V(x_n, y_n))_{n \in N_0}$ mit $(x_n, y_n) = f^n(x_0, y_0)$ streng monoton wachsend und somit $(0,0) \notin L_I(x_0, y_0)$; denn $(0,0)$ kann kein Häufungspunkt der Folge $((x_n, y_n))_{n \in N_0}$ sein.

Weiterhin ist diese Folge sicher unbeschränkt (das bedeutet insbesondere, daß sie B_δ verläßt), da sich sonst mit Satz 1.16 ein Widerspruch ergeben würde.

1.5.3   Stabilität und Instabilität

In diesem Abschnitt beschäftigen wir uns mit dem fundamentalen Begriff der Stabilität in einem diskreten dynamischen System. Dazu gehen wir aus von einer stetigen Abbildung $f : D \to D$ einer offenen Teilmenge $D \subseteq I\!R^m$.

Definition: Eine beschränkte Menge $H \subseteq D$ heißt stabil in Bezug auf f, wenn es zu jeder beschränkten offenen Menge $U \subseteq D$ mit $U \supseteq \bar{H} =$ abgeschlossene Hülle von H eine offene Menge $W \subseteq D$ gibt mit $W \supseteq \bar{H}$ und

$$f^n(W) \subseteq U \quad \text{für alle} \quad n \in I\!N_0$$

(wobei $f^n(W) = \{f^n(x)|\ x \in W\}$).

Übung:

(1) Man gebe eine ausführliche Definition der Instabilität einer Menge $H \subseteq D$ in Bezug auf f als logische Verneinung der Stabilität.

(2) Man zeige: Ist $H \subseteq D$ stabil in Bezug auf f, so ist ihre abgeschlossene Hülle $\bar{H}$ positiv invariant, d.h. es gilt $f(\bar{H}) \subseteq \bar{H}$.

Definition: Eine Menge $H \subseteq D$ heißt ein Attraktor in Bezug auf f, wenn es eine offene Menge $U \subseteq D$ gibt mit $U \supseteq \bar{H}$ und

$$\lim_{n \to \infty} \rho(f^n(x), \bar{H}) = 0 \quad (\text{kurz: } f^n(x) \to \bar{H}) \quad \text{für alle} \quad x \in U \ , \qquad (1.29)$$

wobei

$$\rho(y, \bar{H}) = \min\{\|z - y\|_2|\ z \in \bar{H}\} \ .$$

$H \subseteq D$ heißt ein globaler Attraktor in Bezug auf $f : D \to D$, wenn $\bar{H} \subseteq D$ ist und (1.29) gilt für $U = D$.

Ist $H \subseteq D$ sowohl stabil als auch ein Attraktor in Bezug auf f, so heißt H asymptotisch stabil in Bezug auf f. Ist $H \subseteq D$ stabil und ein globaler Attraktor in Bezug auf f, so heißt H global asymptotisch stabil in Bezug auf f.

Ist $H \subseteq D$ weder stabil noch ein Attraktor in Bezug auf f, so heißt H stark instabil in Bezug auf f.

Bevor wir mit theoretischen Untersuchungen fortfahren, wollen wir diese Begriffe an dem obigen Beispiel erläutern. Dort ist $m = 2$, $D = I\!R^2$ und

$$f(x,y) = (\frac{ay}{1 + x^2}, \frac{bx}{1 + y^2}) \ , \quad (x,y) \in I\!R^2 \ .$$

Die Menge $H \subseteq I\!R^2$ besteht nur aus dem Nullpunkt $(0,0) \in I\!R^2$. Damit ist

$$\|f(x,y)\|_2^2 - \|(x,y)\|_2^2 = (\frac{b^2}{(1+y^2)} - 1)\, x^2 + (\frac{a^2}{(1+x^2)} - 1)\, y^2 \ .$$

Fallunterscheidung:

(a) $a^2 \leq 1$ und $b^2 \leq 1$; dann folgt

$$\|f(x,y)\|_2 \leq \|(x,y)\|_2 \quad \text{für alle} \quad (x,y) \in I\!R^2 \ ,$$

woraus sich die Stabilität von $H = \{(0,0)\}$ in Bezug auf f ergibt (Übung). Gilt zusätzlich $a^2 + b^2 < 2$, so folgt

$$\|f(x,y)\|_2 < \|(x,y)\|_2 \quad \text{für alle} \quad (x,y) \in I\!R \ ,$$

was impliziert, daß $H = \{(0,0)\}$ ein globaler Attraktor in Bezug auf f ist (Übung).

Ergebnis: Gilt $a^2 \leq 1$, $b^2 \leq 1$ und $a^2 + b^2 < 2$, so ist $H = \{(0,0)\}$ global asymptotisch stabil in Bezug auf f.

(b) $a^2 > 1$ und $b^2 > 1$; dann folgt für genügend kleines $\delta > 0$

$$\|f(x,y)\|_2^2 - \|(x,y)\|_2^2 > (\frac{b^2}{1+\delta^2} - 1)\, x^2 + (\frac{a^2}{1+\delta^2} - 1)\, y^2 \geq 0$$

für alle $(x,y) \in B_\delta = \{(x,y) \in I\!R^2|\ \|(x,y)\|_2 < \delta\}$.

Daraus leitet man ab, daß $H = \{(0,0)\}$ kein Attraktor und instabil in Bezug auf f ist (Übung). Damit ist $H = \{(0,0)\}$ stark instabil in Bezug auf f.

Wir kehren zu den allgemeinen Untersuchungen zurück und definieren den Anziehungs- (oder auch Attraktions-) Bereich $A(H)$ einer Teilmenge $H \subseteq D$ vermöge

$$A(H) = \{x \in D|\ f^n(x) \to H \quad (\text{vgl. } (1.29))\} \ .$$

Übung: Man zeige, daß $A(H)$ offen ist, falls H ein Attraktor ist.

Als unmittelbare Folgerung von Satz 1.16 ergibt sich der

Satz 1.17: Sei $G \subseteq D$ offen, beschränkt und positiv-invariant. Ferner sei V eine Lyapunov-Funktion i.B.a. f auf G. Dann ist die größte invariante Teilmenge M von

$$E = \{x \in \bar{G}|\ \dot{V}(x) = 0\}$$

ein Attraktor in Bezug auf f, und es gilt $G \subseteq A(M)$.

Beweis: Um zu zeigen, daß M ein Attraktor ist, wählen wir $U = G$. Ist dann $x_0 \in U$ beliebig gewählt, so ist $(f^n(x_0))_{n \in N_0}$ in G enthalten, da G positiv invariant ist, und somit beschränkt, da G beschränkt ist. Aus Satz 1.16 folgt daher $L_I(x_0) \subseteq M$. Zu zeigen ist $\lim_{n \to \infty} \rho(f^n(x_0), \bar{M}) = 0$. Nun sei $(f^{n_i}(x_0))_{i \in N}$ eine beliebige Teilfolge von $(f^n_(x_0))_{n \in N}$. Dann gibt es wegen der Beschränktheit von $(f^{n_i}(x_0))_{i \in N}$ eine Teilfolge $(f^{n_{ij}}(x_0))_{i \in N}$ und ein $y \in L_I(x_0) \subseteq M$ mit $f^{n_{ij}}(x_0) \to y$, was $\lim_{j \to \infty} \rho(f^{n_{ij}}(x_0), \bar{M}) = 0$ impliziert. Daraus folgt die Behauptung $\rho(f^n(x_0), \bar{M}) \to 0$, was den Beweis vollendet und zugleich auch $G \subseteq A(M)$ beweist.

Zusatz: Ist zusätzlich V auf M konstant, so ist M asymptotisch stabil in Bezug auf f.

Wir wollen hier auf den Beweis des Zusatzes verzichten. Stattdessen betrachten wir die folgende Situation: Sei $\theta_m \in D$ ein Fixpunkt von $f : D \to D$, d.h. sei $f(\theta_m) = \theta_m$. Ferner sei $N \subseteq D$ eine offene, beschränkte Umgebung von θ_m. Eine Funktion $W : I\!R^m \to I\!R$ heißt auf N positiv-definit, wenn gilt

$$W(x) \geq 0 \quad \text{für alle} \quad x \in N \quad \text{und} \quad W(x) = 0, \quad x \in N \Longrightarrow x = \theta_m \,.$$

Mit dieser Definition gilt der folgende

Satz 1.18:

(a) Ist V eine Lyapunov-Funktion in Bezug auf f auf N, wobei $N \subseteq D$ eine beliebige offene, beschränkte Umgebung von θ_m ist, so ist $\{\theta_m\}$ stabil.

(b) Ist zusätzlich $\dot{V}$ (vgl. (1.28)) negativ-definit auf N, d.h. $-\dot{V}$ ist positiv-definit auf N, dann ist $\{\theta_m\}$ global asymptotisch stabil in Bezug auf f.

Beweis:

(a) Sei $N \subseteq D$ eine beliebige offene, beschränkte Umgebung von θ_m. Setze $m = \inf\{V(x)|\ x \in \partial N\}$, wobei ∂N der Rand von N ist. Dann ist $m > 0$ (wegen $\theta_m \notin \partial N$).

Setze

$$G = \{x \in N : V(x) < \frac{m}{2}\} \,.$$

Wegen $\dot{V}(x) \leq 0$ für alle $x \in N$ ist $V(f(x)) \leq V(x) < \frac{m}{2}$ für alle $x \in G$ und somit $f(G) \subseteq G$, d.h., G ist positiv-invariant. Weiter ist $f^n(G) \subseteq N$ für alle $n \in I\!N_0$ und somit $\{\theta_m\}$ stabil in Bezug auf f.

(b) Wegen $(\dot{V}(x) = 0, x \in N) \Longrightarrow x = \theta_m$ ist $M = \{\theta_m\} = E$ invariant und somit nach dem Zusatz zu Satz 1.17 global asymptotisch stabil in Bezug auf f.

1.6 Diskretisierung Zeit-kontinuierlicher dynamischer Systeme

Vorgegeben sei ein autonomes System der Form

$$\dot{x} = f(x) \, , \tag{1.17}$$

wobei $f \in C^1(\mathbb{R}^n, \mathbb{R}^n)$ ist. Für jedes $x \in \mathbb{R}^n$ gibt es genau eine Lösung $\varphi = \varphi(x,t)$, $t \in (-\alpha, \alpha)$ für ein $\alpha > 0$ von (1.17) mit $\varphi \in C^1((-\alpha, \alpha), \mathbb{R}^n)$ und

$$\varphi(x,0) = x \, .$$

Nimmt man an, daß $\alpha = \infty$ ist, so wird durch (1.17) ein Zeit-kontinuierliches dynamisches System definiert, wie in Abschnitt 1.1 gezeigt. Zu vorgegebenem $h > 0$ ersetzen wir die Ableitungen $\dot{x}_i = \dot{x}_i(t)$ auf der linken Seite von (1.17) durch Differenzenquotienten

$$\frac{x_i(t + h - x_i(t))}{h} \, , \quad i = 1, \ldots, n \, ,$$

und erhalten ein System von Differenzengleichungen der Form

$$x_i(t + h) = x_i(t) + h f_i(x(t)) \, , \quad t \in \mathbb{R} \, , \quad i = 1, \ldots, n \, .$$

Definiert man eine Vektorfunktion $g^h : \mathbb{R}^n \to \mathbb{R}^n$ vermöge

$$g_i^h(x) = x_i + h f_i(x) \, , \quad x \in \mathbb{R}^n \, , \quad \text{für } i = 1, \ldots, n \, , \tag{1.30}$$

so ist g^h stetig und mit der Definition

$$\left. \begin{aligned} & \pi_h(x,k) = (g^h)^k(x) = \underbrace{g^h \circ g^h \circ \ldots \circ g^h}_{k\text{-mal}}(x) \\ & \text{für } x \in \mathbb{R}^n, \quad k \in \mathbb{N} \, , \\[2mm] & \pi_h(x,0) = x \, , \quad x \in \mathbb{R}^n \, , \end{aligned} \right\} \tag{1.31}$$

erhalten wir ein Zeit-diskretes dynamisches System (vgl. Abschnitt 1.5), welches man auch eine Diskretisierung von (1.17) (mit der Schrittweite h) nennt.

Ein Punkt $\hat{x} \in \mathbb{R}^n$ ist genau dann ein Ruhepunkt des Systems (1.17), d.h. eine Lösung der Gleichung $f(\hat{x}) = \theta_n$, wenn $\hat{x}$ ein Fixpunkt von g^h ist, d.h. eine Lösung der Gleichung $g^h(\hat{x}) = \hat{x}$.

In Abschnitt 1.4 haben wir gezeigt, daß ein Ruhepunkt $\hat{x} \in \mathbb{R}^n$ von (1.17) asymptotisch stabil ist, wenn die Jacobi-Matrix

$$J_f(\hat{x}) = (f_{ix_j}(\hat{x}))_{i,j=1,\ldots,n}$$

von f in $\hat{x}$ lauter Eigenwerte mit negativen Realteilen hat.

Die Jacobi-Matrix von g^h in $\hat{x} \in \mathbb{R}^n$ lautet

$$J_{g^h}(\hat{x}) = (\delta_{ij} + h f_{ix_j}(\hat{x}))_{i,j=1,\ldots,n} \, ,$$

wobei $\delta_{ij} = \left\{ \begin{array}{ll} 0 & \text{für} \quad i \neq j, \\ 1 & \text{für} \quad i = j \end{array} \right\}$ ist.

Offenbar ist $\lambda \in \mathbb{C}$ ein Eigenwert von $J_f(\bar{x})$ genau dann, wenn $1 + \lambda \cdot h$ ein Eigenwert von $J_{g^h}(\hat{x})$ ist. Weiter ist

$$
\begin{aligned}
|1 + \lambda \cdot h|^2 &= (1 + Re(\lambda) \cdot h)^2 + (Im(\lambda)h)^2 \\
&= 1 + 2\,Re(\lambda) \cdot h + h^2|\lambda|^2 \\
&= 1 + h(2\,Re(\lambda) + h|\lambda|^2) \ .
\end{aligned} \tag{1.32}
$$

Aus dieser Gleichung ergibt sich, daß genau dann $Re(\lambda) < 0$ ist, wenn für genügend kleines $h > 0$ gilt $|1 + \lambda \cdot h| < 1$.

Nun gilt der

Satz 1.19: Ein Fixpunkt $\hat{x} \in I\!\!R^n$ von $g^h : I\!\!R^n \to I\!\!R^n$ ist ein Attraktor in Bezug auf g^h, d.h. es gibt eine offene Umgebung $U(\hat{x}) \subseteq I\!\!R^n$ von $\hat{x}$ mit

$$
\lim_{k \to \infty} \|(g^h)^k(x) - \hat{x}\|_2 = 0 \quad \text{für alle} \quad x \in U(\hat{x}) \ ,
$$

wenn sämtliche Eigenwerte von $J_{g^h}(\hat{x})$ einen Betrag haben, der kleiner ist als eins.

Beweis: Nach Theorem 3 in Chapter 1 des Buches "Analysis of Numerical Methods" von E. Isaacson and H.B. Keller (John Wiley and Sons, New York, London, Sydney 1966) gibt es zu jedem $\delta > 0$ eine natürliche Matrixnorm

$$
\|J_{g^h}(\hat{x})\| = \max\{\|J_{g^h}(\hat{x})z\| \mid z \in I\!\!R^n, \|z\| = 1\}
$$

(wobei die Vektornorm $\| \cdot \|$ sowohl von δ als auch von $J_{g^h}(\hat{x})$ abhängt) derart, daß gilt

$$
\|J_{g^h}(\hat{x})\| \leq \rho(\hat{x}) + \delta \ ,
$$

wobei $\rho(\hat{x})$ den Spektralradius von $J_{g^h}(\hat{x})$ bezeichnet. Wir wählen $\delta = \frac{1}{2}(1 - \rho(\hat{x}))$. Dann ist

$$
\|J_{g^h}(\hat{x})\| \leq \beta = \frac{1}{2}(1 + \rho(\hat{x})) < 1 \ .
$$

Nun wählen wir $\varepsilon > 0$ so klein, daß gilt

$$
\|J_{g^h}(x)\| = \max\{\|J_{g^h}(x)z\| \mid z \in I\!\!R^n, \|z\| = 1\} \leq \gamma = \frac{1}{2}(\beta + 1)(< 1)
$$

für alle $x \in I\!\!R^n$ mit $\|x - \hat{x}\| \leq \varepsilon$. Das ist möglich, da die Funktion $x \to \|J_{g^h}(x)\|$, $x \in I\!\!R^n$, stetig ist. Wir setzen

$$
W_\varepsilon(\hat{x}) = \{x \in I\!\!R^n \mid \|x - \hat{x}\| \leq \varepsilon\} \ .
$$

Nun sei für ein $k \in I\!N_0$ die Iterierte $(g^h)^k(x) \in W_\varepsilon(\hat{x})$. Dann folgt für alle $t \in [0,1]$ ebenfalls

$$z(t) = \hat{x} + t((g^h)^k(x) - \hat{x}) \in W_\varepsilon(\hat{x}) \ .$$

Definiert man eine Vektorfunktion

$$g(t) = g^h(z(t)) \quad \text{für} \quad t \in [0,1] \ ,$$

so ist

$$g(0) = \hat{x} \quad \text{und} \quad g(1) = (g^h)^{k+1}(x)$$

und

$$\frac{d}{dt} g(t) = J_{g^h}(z(t))((g^h)^k(x) - \hat{x}) \quad \text{für} \quad t \in [0,1] \ .$$

Daraus folgt

$$(g^h)^{k+1}(x) - \hat{x} = g(1) - g(0) = \int_0^1 \frac{d}{dt} g(t)\, dt = \int_0^1 J_{g^h}(z(t))((g^h)^k(x) - \hat{x})\, dt$$

und weiter

$$\|(g^h)^{k+1}(x) - \hat{x}\| \leq \int_0^1 \|J_{g^h}(z(t))\|\, dt\ \|(g^h)^k(x) - \hat{x}\| \leq \gamma\varepsilon < \varepsilon \ .$$

Damit ist auch $(g^h)^{k+1}(x) \in W_\varepsilon(\hat{x})$, und es folgt die Implikation

$$x \in W_\varepsilon(\hat{x}) \Longrightarrow (g^h)^k(x) \in W_\varepsilon(\hat{x}) \quad \text{für alle} \quad k \in I\!N \ .$$

Aus

$$\|(g^h)^{k+1}(x) - \hat{x}\| \leq \gamma\, \|(g^h)^k(x) - \hat{x}\| \quad \text{für alle} \quad k \in I\!N_0$$

folgt

$$\lim_{k \to \infty} \|(g^h)^k(x) - \hat{x}\| = 0 \quad \text{für alle} \quad x \in W_\varepsilon(\hat{x}) \ ,$$

was den Beweis vollendet, da alle Normen auf $I\!R^n$ äquivalent sind.

Auf Grund der obigen Betrachtungen ergibt sich aus Satz 1.19 die

Folgerung: Ist $\hat{x} \in I\!R^n$ ein Ruhepunkt des Systems (1.17) derart, daß die Jacobi-Matrix $J_f(\hat{x})$ von f in $\hat{x}$ nur Eigenwerte mit negativen Realteilen besitzt, dann ist $\hat{x}$ für genügend kleines $h > 0$ ein attraktiver Fixpunkt von g^h (1.30).

Ist $\hat{x} \in I\!\!R^n$ ein Ruhepunkt von System (1.17) derart, daß die Jacobi-Matrix $J_f(\hat{x})$ nicht-singulär ist und nur Eigenwerte $\lambda \in \mathbb{C}$ hat mit $\mathcal{R}e(\lambda) \geq 0$, so folgt aus (1.32), daß die Jacobi-Matrix $J_{g^h}(\hat{x})$ von g^h (1.30) für jedes $h > 0$ lauter Eigenwerte vom Betrage größer als eins besitzt. In diesem Fall gilt der

Satz 1.20: Ist $\hat{x} \in I\!\!R^n$ ein Fixpunkt von g^h (1.30) derart, daß die Jacobi-Matrix $J_{g^h}(\hat{x})$ von g^h in $\hat{x}$ lauter Eigenwerte vom Betrage größer als eins besitzt, so ist $\hat{x}$ kein Attraktor, d.h. zu jeder Umgebung $U(\hat{x})$ von $\hat{x}$ gibt es ein $x \in U(\hat{x})$ mit $(g^h)^k(x) \not\to \hat{x}$, d.h. es gibt ein $\varepsilon > 0$ derart, daß zu jedem $k \in I\!\!N$ ein $j_k \in I\!\!N$ mit $j_k \geq k$ existiert, so daß $\|(g^h)^{j_k}(x) - \hat{x}\|_2 > \varepsilon$ ist.

Bevor wir diesen Satz beweisen, wollen wir ihn an einem Beispiel illustrieren, und zwar an dem Räuber-Beute-Modell

$$
\begin{aligned}
\dot{x}_1 &= -cx_1 + ax_1x_2 \,, \\
\dot{x}_2 &= rx_2 - px_1x_2 \,,
\end{aligned}
\tag{1.14}
$$

$x_1, x_2 \in I\!\!R$, wobei $a, c, p, r \in I\!\!R$ positive Konstanten sind. Ein Ruhepunkt $(\hat{x}_1, \hat{x}_2) \in \overset{\circ}{I\!\!R}_+ \times \overset{\circ}{I\!\!R}_+$ ist gegeben durch

$$
\hat{x}_1 = \frac{r}{p} \,, \quad \hat{x}_2 = \frac{c}{a} \,.
$$

Die Jacobi-Matrix der rechten Seite von (1.14) in $\hat{x} = (\hat{x}_1, \hat{x}_2)$ lautet

$$
J_f(\hat{x}) = \begin{pmatrix} 0 & \frac{ar}{p} \\ -\frac{pc}{a} & 0 \end{pmatrix} \,,
$$

ist nicht-singulär und hat die Eigenwerte $\lambda_{1,2} = \pm\, i\sqrt{cr}$ mit $\mathcal{R}e(\lambda_{1,2}) = 0$.

Damit hat $J_{g^h}(\hat{x})$ von

$$
g^h(x_1, x_2) = \begin{pmatrix} x_1 - h(cx_1 - ax_1x_2) \\ x_2 + h(rx_2 - px_1x_2) \end{pmatrix} \,, \quad (x_1, x_2) \in I\!\!R^2 \,,
$$

in $\hat{x} = (\hat{x}_1, \hat{x}_2)$ für jedes $h > 0$ lauter Eigenwerte vom Betrage größer als eins, und nach Satz 1.20 ist $\hat{x} = (\frac{r}{p}, \frac{c}{a})$ kein Attraktor.

Beweis von Satz 1.20: Nach Voraussetzung ist die Jacobi-Matrix $J_{g^h}(\hat{x})$ von g^h in $\hat{x}$ nicht-singulär. Daher gibt es eine offene Umgebung $V(\hat{x})$ von $\hat{x}$, die durch $g^h : I\!\!R^n \to I\!\!R^n$ umkehrbar eindeutig auf eine offene Umgebung $W(\hat{x})$ von $\hat{x}$ abgebildet wird derart, daß die Umkehrabbildung $(g^h)^{-1} : W(\hat{x}) \to V(\hat{x})$ zu $C^1(W(\hat{x}))$ gehört. Die Jacobi-Matrix von $(g^h)^{-1}$ in $\hat{x}$ ist die Matrix $J_{g^h}(\hat{x})^{-1}$ und hat als Eigenwerte die Reziproken der Eigenwerte von $J_{g^h}(\hat{x})$, die nach Annahme dem Betrage nach kleiner als eins sind. Nach Satz 1.19 ist daher $\hat{x}$ ein Attraktor von $(g^h)^{-1}$, d.h. es gibt eine offene Umgebung $\widetilde{W}(\hat{x}) \subseteq W(\hat{x})$ von $\hat{x}$ mit

$$\lim_{k \to \infty} \|(g^h)^{-k}(x) - \hat{x}\|_2 = 0 \quad \text{für alle} \quad x \in \widetilde{W}(\hat{x}) \, ,$$

wobei $(g^h)^{-k} = \underbrace{(g^h)^{-1} \circ \ldots \circ (g^h)^{-1}}_{k-mal}$ ist.

Wäre $\hat{x}$ auch ein Attraktor von g^h, so müßte $\hat{x}$ ebenfalls ein Attraktor von $(g^h)^{-1} \circ g^h =$ Identität sein, was nicht möglich ist.

2 Gesteuerte Systeme

2.1 Der Zeit-kontinuierliche Fall

2.1.1 Das Problem der Steuerbarkeit

Wir gehen aus von einem System von Differentialgleichungen der Form

$$\dot{x}_i = f_i(x, u) , \quad i = 1, \ldots, n , \tag{2.1}$$

wobei $x \in I\!R^n$, $u \in I\!R^m$,

$$f_i : I\!R^n \times I\!R^m \to I\!R$$

mit $f_i \in C(I\!R^{n+m})$ und $f_i(\cdot, u) \in C^1(I\!R^n)$ für jedes $u \in I\!R^m$ und für $i = 1, \ldots, n$.

Annahme: Für jede Funktion $u \in C(I\!R, I\!R^m)$ und jeden Punkt $x_0 \in I\!R^n$ gibt es genau eine Funktion $x \in C^1(I\!R, I\!R^n)$ mit

$$\dot{x}_i(t) = f_i(x(t)), \ u(t)), \quad t \in I\!R,$$
$$\text{für} \quad i = 1, \ldots, n \quad \text{und} \tag{2.2}$$

$$x(0) = x_0 . \tag{2.3}$$

Wir denken uns jede Funktion $u \in C(I\!R, I\!R^m)$ als eine Steuerung des Systems (2.1), die wir dazu verwenden wollen, um einen Anfangszustand $x_0 \in I\!R^n$ innerhalb eines Zeitintervalles $[0, T]$ in einen Endzustand $x_T \in I\!R^n$ überzuführen, d.h. wir suchen eine Steuerungsfunktion $u \in C(I\!R, I\!R^m)$ derart, daß die eindeutige Lösung $x \in C^1(I\!R, I\!R^n)$ von (2.2) und (2.3) die Bedingung

$$x(T) = x_T \tag{2.4}$$

erfüllt.

Wir sind im Folgenden hauptsächlich an Endzuständen interessiert, die Ruhepunkte des Systems (2.1) für $u \equiv \theta_m =$ Nullvektor des $I\!R^m$ sind (das wir auch das ungesteuerte System nennen). Wir nehmen daher an, daß das System (2.1) für $u = \theta_m$ einen Ruhepunkt $\hat{x} \in I\!R^n$ besitzt, der also das Gleichungssystem

$$f_i(\hat{x}, \theta_m) = 0 \quad \text{für} \quad i = 1, \ldots, n \tag{2.5}$$

löst.

Sei Ω eine nichtleere Teilmenge von $I\!R^m$ mit $\theta_m \in \Omega$.

Definition:

(1) Das System (2.1) heißt auf dem Intervall $[0, T]$ mit $T > 0$ Ω-steuerbar, wenn es zu jedem Paar $x_0, x_T \in I\!R^n$ eine Steuerung $u \in C(I\!R, I\!R^m)$ mit

$$u(t) \in \Omega \quad \text{für alle} \quad t \in [0, T]$$

gibt derart, daß für die eindeutige Lösung $x \in C^1(I\!R, I\!R^n)$ von (2.2) und (2.3) die Bedingung (2.4) erfüllt.

(2) Das System (2.1) heißt Ω-steuerbar, wenn ein $T > 0$ existiert derart, daß (2.1) auf $[0, T]$ Ω-steuerbar ist.

(3) Das System (2.1) heißt voll Ω-steuerbar, wenn (2.1) auf jedem Intervall $[0, T], T > 0$, Ω-steuerbar ist.

Die volle Ω-Steuerbarkeit ist offenbar die stärkste Eigenschaft. Im nächsten Abschnitt werden wir im Falle $\Omega = I\!R^m$ für lineare gesteuerte Systeme hinreichende Bedingungen für volle Ω-Steuerbarkeit angeben.

Im Falle nicht-linearer Systeme werden wir uns darauf konzentrieren, zu vorgegebenem $x_0 \in I\!R^n$ und $x_T = \hat{x} = $ Lösung von (2.5) eine Zeit $T > 0$ und eine Steuerungsfunktion $u \in C(I\!R, I\!R^m)$ zu finden derart, daß die eindeutige Lösung $x \in C^1(I\!R, I\!R^n)$ von (2.2) und (2.3) die Bedingung (2.4) erfüllt.

Zunächst jedoch untersuchen wir die

2.1.2 Steuerbarkeit linearer Systeme

Anstelle von (2.1) betrachten wir ein System der Form

$$\dot{x} = Ax + Bu \,, \tag{2.6}$$

wobei $x \in I\!R^n$, $u \in I\!R^m$, $A = $ reelle $n \times n-$Matrix, $B = $ reelle $n \times m-$Matrix. Setzt man

$$f(x, u) = Ax + Bu \,, \quad x \in I\!R^n \,, \quad u \in I\!R^m \,,$$

so ist (2.6) von der Form (2.1) und $f \in C^1(I\!R^{n+m}, I\!R^n)$.

Die in Abschnitt 2.1.1. gemachte Annahme ist erfüllt.

Für jedes $x_0 \in I\!R^n$ und jede Funktion $u \in C(I\!R, I\!R^m)$ ist die eindeutige Lösung $x \in C^1(I\!R, I\!R^n)$ von (2.6) mit $x(0) = x_0$ gegeben durch

$$x(t) = e^{tA} \left(x_0 + \int_0^t e^{-sA} Bu(s)\, ds \right) \,, \ t \in I\!R \,. \tag{2.7}$$

Wir setzen

$$Y(t) = e^{-tA}\, B \quad \text{für alle} \quad t \in I\!R \tag{2.8}$$

und betrachten Steuerungsfunktionen der Form

$$u(t) = Y(t)^T z \,, \quad t \in I\!R \,, \tag{2.9}$$

wobei $z \in I\!R^n$ beliebig gewählt sei. Einsetzen in (2.7) ergibt

$$x(t) = e^{tA}\left(x_0 + \int_0^t Y(s)\,Y(s)^T\, ds\, z\right), \quad t \in I\!R \,.$$

Sei für ein $T > 0$ die $n \times n-$Matrix

$$M(T) = \int_0^T Y(t)\,Y(t)^T\, dt \tag{2.10}$$

(die symmetrisch und positiv semi-definit ist) nicht-singulär. Dann gibt es für jeden Vektor $x_T \in I\!R^n$ genau ein $z_T \in I\!R^n$ mit

$$x_T = e^{TA}\left(x_0 + M(T)\, z_T\right) \Longleftrightarrow M(T)\, z_T = e^{-TA}\, x_T - x_0 \,,$$

woraus folgt, daß das System (2.6) auf $[0,T]$ $I\!R^m$- steuerbar ist.

Lemma 2.1: Für ein $T > 0$ ist die Matrix $M(T)$ (2.10) genau dann nicht-singulär, wenn die folgende Implikation gilt

$$Y(t)^T z = \theta_m \quad \text{für alle} \quad t \in [0,T] \Longrightarrow z = \theta_n \,. \tag{2.11}$$

Beweis:

(a) Sei $M(T)$ nicht-singulär. Gäbe es ein $z \in I\!R^n$ mit $z \neq \theta_n$ derart, daß gilt $Y(t)^T z = \theta_m$ für alle $t \in [0,T]$, so wäre $M(T)\, z = \theta_n$, was nicht möglich ist.

(b) Es gelte die Implikation (2.11). Wäre $M(T)$ singulär, so gäbe es ein $z \in I\!R^n$, $z \neq \theta_n$, mit $M(T)\, z = \theta_n$. Daraus folgt

$$z^T M(T)\, z = \int_0^T z^T Y(t)\,Y(t)^T z\, dt = 0 \,,$$

was

$$Y(t)^T z = \theta_m \quad \text{für alle} \quad t \in [0,T]$$

impliziert. Daraus folgt aber $z = \theta_n$, ein Widerspruch.

Satz 2.2: Die Implikation (2.11) gilt genau dann für alle $T > 0$, wenn die sog. Kalman-Bedingung

$$\text{Rang}\,(B, AB, \ldots, A^{n-1} B) = n \tag{2.12}$$

erfüllt ist.

Beweis:

(a) Die Implikation (2.11) sei für ein $T > 0$ verletzt. Dann gibt es ein $z \in I\!\!R^n$, $z \neq \theta_n$, mit

$$Y(t)^T z = \theta_m \quad \text{für alle} \quad t \in [0, T] \ .$$

Differenziert man $z^T Y(t)$ fortlaufend nach t und setzt $t = 0$, so folgt

$$z^T B = \theta_m^T \ , \quad z^T AB = \theta_m^T, \ldots, z^T A^{n-1} B = \theta_m^T \ , \tag{2.13}$$

was der Bedingung (2.12) widerspricht.

(b) Sei die Bedingung (2.12) verletzt. Dann gibt es einen Vektor $z \in I\!\!R^n$ mit $z \neq \theta_n$ und (2.13). Nun sei

$$\phi(-\lambda) = a_0 + a_1(-\lambda) + \ldots + a_{n-1}(-\lambda)^{n-1} + (-\lambda)^n$$

das charakteristische Polynom von A. Dann folgt aus dem Satz von Cayley-Hamilton, daß $\phi(-A) = 0$ ist und somit

$$A^n = b_0 I + b_1 A + \ldots + b_{n-1} A^{n-1}$$

mit geeigneten Koeffizienten $b_0, \ldots, b_{n-1} \in I\!\!R$. Damit folgt

$$A^k = b_0 A^{k-n} + b_1 A^{k+1-n} + \ldots + b_{n-1} A^{k-1}$$

für alle $k \geq n$ und daraus unter Benutzung von (2.13)

$$z^T A^k B = \theta_m^T \quad \text{für alle} \quad k \geq 0 \Longrightarrow z^T Y(t) = 0 \quad \text{für alle} \quad t \in I\!\!R \ ,$$

d.h. die Bedingung (2.11) für alle $T > 0$ ist verletzt.

Als Folgerung aus den bisherigen Betrachtungen ergibt sich der

Satz 2.3: Ist die Kalman-Bedingung (2.12) erfüllt, so ist das System (2.6) voll $I\!\!R^m$-steuerbar.

Wir wollen den bisherigen Sachverhalt noch an einem Beispiel erläutern. Zu dem Zweck betrachten wir ein bewegliches lineares Pendel mit beweglichem Aufhängepunkt, wie im folgenden Bild dargestellt:

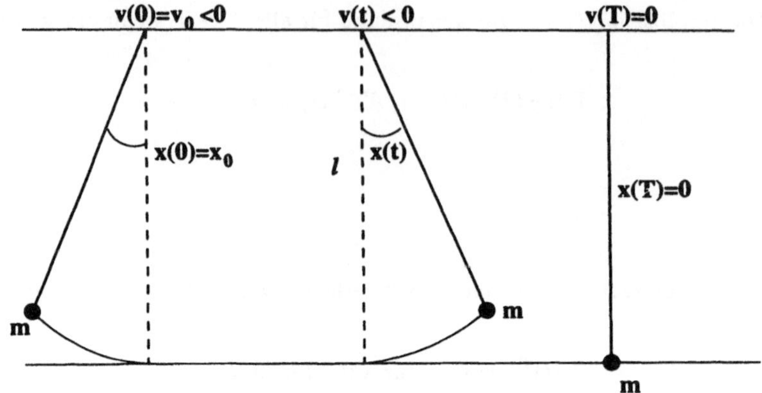

Als Bewegungsgleichung erhält man

$$\ddot{\varphi}(t) = -\frac{g}{\ell}\,\varphi(t) - \frac{\ddot{v}}{\ell}\,, \quad t \in I\!R\,, \tag{2.14}$$

wobei $\varphi = \varphi(t)$ den Auslenkungswinkel zur Zeit t, $\ddot{v} = \ddot{v}(t)$ die Beschleunigung des Aufhängepunktes zur Zeit t, g die Erdbeschleunigung und ℓ die Pendellänge bezeichnet.

Definiert man eine Vektorfunktion $x(t) = (x_1(t), x_2(t), x_3(t), x_4(t))^T$ vermöge $x_1(t) = \varphi(t)$, $x_2(t) = \dot{\varphi}(t)$, $x_3(t) = v(t)$, $x_4(t) = \dot{v}(t)$, so läßt sich die Differentialgleichung (2.14) äquivalent umschreiben in

$$\dot{x}(t) = Ax(t) + Bu(t)\,, \quad t \in I\!R\,, \tag{2.15}$$

wobei $u(t) = \ddot{v}(t)$, $t \in I\!R$, die Steuerung ist und

$$A = \begin{pmatrix} 0 & 1 & 0 & 0 \\ -\frac{g}{\ell} & 0 & 0 & 0 \\ 0 & 0 & 0 & 1 \\ 0 & 0 & 0 & 0 \end{pmatrix}\,, \quad B = \begin{pmatrix} 0 \\ -\frac{1}{\ell} \\ 0 \\ 1 \end{pmatrix}\,.$$

In diesem Fall erhält man

$$(B, AB, A^2B, A^3B) = \begin{pmatrix} 0 & -\frac{1}{\ell} & 0 & \frac{g}{\ell^2} \\ -\frac{1}{\ell} & 0 & \frac{g}{\ell^2} & 0 \\ 0 & 1 & 0 & 0 \\ 1 & 0 & 0 & 0 \end{pmatrix}\,,$$

mithin

$$\text{Rang}\,(B, AB, A^2B, A^3B) = 4\,,$$

d.h. die Kalman-Bedingung (2.12) ist erfüllt.

Nach Satz 2.3 ist das System (2.15) voll $I\!R$-steuerbar, d.h. jeder Anfangszustand $(\varphi(0), \dot{\varphi}(0), v(0), \dot{v}(0))^T \in I\!R^4$ des Pendels mit beweglichem Aufhängepunkt läßt sich innerhalb eines jeden Zeitintervalls $[0, T]$, $T > 0$, vermöge einer geeigneten Steuerungsfunktion $u = \ddot{v} \in C(I\!R)$ in jeden Endzustand $(\varphi(T), \dot{\varphi}(T), v(T), \dot{v}(T))^T \in I\!R^4$ überführen.

2.1.3 Restringierte Null-Steuerbarkeit linearer Systeme

Wir gehen aus von dem System

$$\dot{x} = Ax , \tag{2.16}$$

wobei $x \in I\!R^n$ und A = reelle $n \times n$-Matrix.

Dieses System hat $\hat{x} = \theta_n$ als Ruhepunkt. Im folgenden wählen wir speziell $\Omega = [-1, +1]^m$ und fragen nach der Existenz einer Zeit $T > 0$ und einer Steuerungsfunktion $u \in C(I\!R, I\!R^m)$ mit

$$u(t) \in \Omega \quad \text{für alle} \quad t \in [0, T] \tag{2.17}$$

derart, daß bei vorgegebenem Anfangszustand $x_0 \in I\!R^n$ die eindeutige Lösung $x \in C^1(I\!R, I\!R^m)$ von (2.6) mit

$$x(0) = x_0 \tag{2.3}$$

der Endbedingung

$$x(T) = \hat{x} = \theta_n \tag{2.18}$$

genügt.

Um diese Frage positiv beantworten zu können, ersetzen wir den Raum $C(I\!R, I\!R^m)$ der Steuerungsfunktionen durch den Raum $L^\infty(I\!R, I\!R^m)$ der meßbaren und wesentlich beschränkten m-Vektorfunktionen u auf $I\!R$. Bedingung (2.17) ersetzen wir durch

$$\|u(t)\|_\infty \leq 1 \quad \text{für fast alle} \quad t \in [0, T] , \tag{2.19}$$

wobei $\| \cdot \|_\infty$ die Maximum-Norm bezeichnet.

Für jedes $T > 0$ setzen wir

$$U_T = \{u \in L^\infty(I\!R, I\!R^m)| \, u \, \text{erfüllt (2.19)}\} . \tag{2.20}$$

Aus der Lösungsformel (2.7), die auch für die eindeutige absolut stetige Lösung $x : I\!R \to I\!R^n$ von (2.6) im Falle $u \in L^\infty(I\!R, I\!R^m)$ gilt, ergibt sich, daß die Endbedingung (2.18) äquivalent ist zu

$$\int_0^T Y(t)\, u(t)\, dt = -x_0 , \tag{2.21}$$

wobei $Y(t)$ durch (2.8) definiert ist.

Damit formulieren wir das

Problem der restringierten Null-Steuerbarkeit: Sei $x_0 \in I\!R^n$ beliebig vorgegeben. Gesucht sind $T > 0$ und $u \in U_T$ (2.20) derart, daß die Bedingung (2.21) erfüllt ist.

Besitzt dieses Problem eine Lösung, so nennen wir das System (2.6) restringiert Null-steuerbar.

Definiert man für jedes $T > 0$ eine sog. Erreichbarkeitsmenge

$$E(T) = \{x = \int_0^T Y(t)\,u(t)\,dt \mid u \in U_T\} \subseteq I\!R^n \ , \tag{2.22}$$

so ist das Problem der restringierten Null-Steuerbarkeit genau dann lösbar, wenn gilt

$$E = \bigcup_{T>0} E(T) = I\!R^n \ . \tag{2.23}$$

Offenbar ist jede Erreichbarkeitsmenge $E(T)$ konvex, und es gilt die Implikation

$$0 \leq T_1 < T_2 \Longrightarrow E(T_1) \subseteq E(T_2) \ .$$

Daraus folgt, daß auch E konvex ist.

Annahme: $E \neq I\!R^n$.

Dann gibt es ein $\hat{x} \in I\!R^n$ mit $\hat{x} \notin E$. Auf Grund eines bekannten Trennungssatzes für konvexe Mengen gibt es daher eine Zahl $\alpha \in I\!R$ und einen Vektor $y \in I\!R^n$, $y \neq \theta_n$, mit

$$y^T x \leq \alpha < y^T \hat{x} \quad \text{für alle} \quad x \in E \ . \tag{2.24}$$

Wegen $\theta_n \in E$ ist notwendig $\alpha \geq 0$. Weiter ist die linke Seite von (2.24) gleichwertig mit

$$\int_0^T y^T Y(t)\,u(t)\,dt \leq \alpha \quad \text{für alle} \quad u \in U_T \quad \text{und} \quad T > 0 \ . \tag{2.25}$$

Wir nehmen für das Folgende an, daß die Kalman-Bedingung (2.12) erfüllt ist. Nach Satz 2.2 gilt dann die Implikation (2.11) für jedes $T > 0$. Wegen $y \neq \theta_n$ gibt es daher für jedes $T > 0$ ein $t_T \in [0, T]$ mit

$$y^T Y(t_T) \neq \theta_m^T \ .$$

Setzt man

$$v(t)^T = y^T Y(t) \ , \quad t \in I\!R \ ,$$

so gibt es mindestens eine Komponente von v, die nicht identisch verschwindet, etwa

$$v_1(t) = y^T e^{-tA} b_1 \ , \quad t \in I\!R \ ,$$

wobei b_1 die erste Spalte der Matrix B bezeichnet.

Da mit u auch $-u$ zu U_T, $T > 0$, gehört, folgt aus (2.25)

$$|\int_0^\infty v(t)^T u(t)\,dt| \leq \alpha \quad \text{für alle} \quad u \in L^\infty(I\!R, I\!R^m) \quad \text{mit}$$
$$\|u(t)\|_\infty \leq 1 \quad \text{für fast alle} \quad t \in (0, \infty) \ .$$

Hieraus folgt

$$\int\limits_0^\infty \|v(t)\|_1 \, dt = \sum_{i=1}^n \int\limits_0^\infty |v_i(t)| \, dt \le \alpha < \infty$$

und weiter

$$\int\limits_0^\infty |v_1(t)| \, dt \le \alpha \; .$$

Daraus folgt die Existenz des uneigentlichen Integrals

$$w(t) = \int\limits_t^\infty v_1(s) \, ds \quad \text{für} \quad t \in [0, \infty) \; ,$$

und es ist

$$\frac{d}{dt}\, w(t) = -v_1(t) \quad \text{für alle} \quad t \in [0, \infty) \quad \text{sowie} \quad \lim_{t \to \infty} w(t) = 0 \; .$$

Setzt man $D = \frac{d}{dt}$, so folgt

$$(D^k v_1)(t) = y^T(-A)^k \, e^{-tA} \, b_1 \; , \quad t \in I\!R \; , \quad \text{für} \quad k = 0, 1, 2, \ldots$$

Bezeichnet $\psi(\lambda)$ das charakteristische Polynom von A, so ergibt die Anwendung des Satzes von Cayley-Hamilton $\psi(A) = 0$ und weiter

$$(\psi(-D)v_1)(t) = y^T(\psi(A)) \, e^{-tA} \, b_1 = 0 \quad \text{für alle} \quad t \in [0, \infty) \; .$$

Daraus folgt

$$\psi(-D)(-Dw)(t) = 0 \quad \text{für alle} \quad t \in [0, \infty) \; ,$$

und wegen der Vertauschbarkeit von $(-D)$ mit $\psi(-D)$ ist

$$(-D\,\psi(-D)w)(t) = 0 \quad \text{für alle} \quad t \in [0, \infty) \; .$$

Die zu dieser linearen Differentialgleichung gehörige charakteristische Gleichung lautet

$$-\lambda\,\psi(-\lambda) = 0 \; .$$

Aus $\lim\limits_{t \to \infty} w(t) = 0$ folgt, daß mindestens eine Lösung $-\lambda$ der Gleichung $\psi(-\lambda) = 0$ einen negativen Realteil hat und somit die Matrix A mindestens einen Eigenwert mit positivem Realteil hat. Durch Kontraposition ergibt sich aus diesen Überlegungen der

Satz 2.4: Ist die Kalman-Bedingung (2.12) erfüllt und besitzt die Matrix A nur Eigenwerte mit nicht-positiven Realteilen, so ist das System (2.6) restringiert Null-steuerbar, d.h. zu jedem Anfangszustand $x_0 \in I\!R^n$ gibt es ein $T > 0$ und eine Steuerungsfunktion $u \in U_T$ (2.20) derart, daß die eindeutige absolut stetige Lösung $x = x(t)$, $t \in I\!R$ von (2.6), (2.3) die Endbedingung (2.18) erfüllt.

Die Voraussetzungen dieses Satzes sind z.B. für das System (2.15) erfüllt. Die Gültigkeit der Kalman-Bedingung (2.12) wurde bereits gezeigt. Man bestätigt leicht, daß die Matrix A die Eigenwerte

$$\lambda_1 = i\sqrt{\frac{g}{\ell}}\,, \quad \lambda_2 = -i\sqrt{\frac{g}{\ell}}\,, \quad \lambda_3 = \lambda_4 = 0$$

besitzt, deren sämtliche Realteile gleich Null sind.

2.1.4 Steuerbarkeit nichtlinearer Systeme in Ruhepunkte

Wir gehen wieder aus von einem System der Form

$$\dot{x} = f(x, u)\,, \tag{2.1}$$

wobei zunächst $f \in C(I\!R^n \times I\!R^m, I\!R^n)$ und $f(\cdot, u) \in C^1(I\!R^n, I\!R^n)$ für jedes $u \in I\!R^m$ angenommen wird.

Wir machen weiter dieselbe Annahme wie zu Beginn von Abschnitt 2.1.1.

Sei $\hat{x} \in I\!R^n$ ein Ruhepunkt des ungesteuerten Systems für $u \equiv \theta_m$, d.h. eine Lösung der Gleichung

$$f(\hat{x}, \theta_m) = \theta_n\,. \tag{2.5}$$

Vorgegeben sei ein beliebiger Anfangszustand $x_0 \in I\!R^n$. Gesucht sind eine Zeit $T > 0$ und eine Steuerungsfunktion $u \in C(I\!R, I\!R^m)$ derart, daß die eindeutige Lösung $x \in C^1(I\!R, I\!R^n)$ von (2.1) mit

$$x(0) = x_0 \tag{2.3}$$

der Endbedingung

$$x(T) = \hat{x}$$

genügt.

Hat dieses Problem für jedes $x_0 \in I\!R^n$ eine Lösung, so nennen wir das System (2.1) nach $\hat{x}$ steuerbar.

Wir wollen diesen Begriff zu einem Begriff der lokalen Steuerbarkeit abschwächen und nehmen zu dem Zweck an, es sei

$$f_i \in C^1(I\!R^n \times I\!R^m) \quad \text{für alle} \quad i = 1, \ldots, n\,.$$

Dann linearisieren wir die Gleichung (2.1) in $(\hat{x}, \theta_m)$, d.h. wir ersetzen sie durch

$$\dot{x} = Ax + Bu \;, \tag{2.6}$$

wobei

$$A = (f_{ix_j}(\hat{x}, \theta_m))_{i,j=1,\ldots,n} \quad \text{und} \quad B = (f_{iu_k}(\hat{x}, \theta_m))_{\substack{i=1,\ldots,n \\ k=1,\ldots,m}} \tag{2.26}$$

ist.

Definition: Das System (2.1) heißt lokal nach $\hat{x}$ steuerbar, wenn das System (2.6) mit A und B nach (2.26) $I\!R^m$-Nullsteuerbar ist, d.h. wenn zu jedem $x_0 \in I\!R^n$ ein $T > 0$ und eine Steuerungsfunktion $u \in C(I\!R, I\!R^m)$ existieren derart, daß für die eindeutige Lösung $x \in C^1(I\!R, I\!R^n)$ von (2.6) und (2.3) die Endbedingung

$$x(T) = \theta_m \tag{2.18}$$

erfüllt.

Eine unmittelbare Folge von Satz 2.3 ist der

Satz 2.5: Ist für A und B nach (2.26) die Kalman-Bedingung (2.12) erfüllt, so ist das System (2.1) lokal nach $\hat{x}$ steuerbar.

Definition: Das System (2.1) heißt lokal restringiert nach $\hat{x}$ steuerbar, wenn das System (2.6) mit A und B nach (2.26) restringiert Null-steuerbar ist, d.h. wenn zu jedem $x_0 \in I\!R^n$ ein $T > 0$ und eine Steuerungsfunktion $u \in U_T$ (2.20) existieren derart, daß die eindeutige absolut stetige Lösung $x = x(t)$, $t \in I\!R$, von (2.6), (2.3) die Endbedingung (2.18) erfüllt.

Eine unmittelbare Folge von Satz 2.4 ist der

Satz 2.6: Ist für A und B nach (2.26) die Kalman-Bedingung (2.12) erfüllt und besitzt die Matrix A nur Eigenwerte mit nicht-positiven Realteilen, so ist das System (2.1) lokal restringiert nach $\hat{x}$ steuerbar.

Wir wollen diese beiden Sätze noch am Beispiel des nichtlinearen Pendels mit beweglichem Aufhängepunkt erläutern. Wie verwenden die gleichen Bezeichnungen wie im Fall des linearen Pendels in Abschnitt 2.1.2.

Die Bewegungsgleichung lautet dann

$$\ddot{\varphi}(t) = -\frac{g}{\ell} \sin\varphi(t) - \frac{\ddot{v}(t)}{\ell} \cos\varphi(t) \;, \quad t \in I\!R \;. \tag{2.27}$$

Definiert man Funktionen

$$x_1(t) = \varphi(t) \;, \quad x_2(t) = \dot{\varphi}(t) \;, \quad x_3(t) = v(t) \;, \quad x_4(t) = \dot{v}(t) \;,$$

so läßt sich (2.27) äquivalent umschreiben in

$$\begin{aligned}
\dot{x}_1(t) &= x_2(t) \,, \\
\dot{x}_2(t) &= -\tfrac{g}{\ell} \sin x_1(t) - \tfrac{u(t)}{\ell} \cos x_1(t) \,, \\
\dot{x}_3(t) &= x_4(t) \,, \\
\dot{x}_4(t) &= u(t) \,,
\end{aligned}$$
(2.28)

wobei $u(t) = \ddot{v}(t)$, $t \in I\!\!R$, die Steuerungsfunktion ist. Mit

$$f(x,u) = (f_1(x,u),\ f_2(x,u),\ f_3(x,u),\ f_4(x,u))^T, \quad x \in I\!\!R^4 \,, \quad u \in I\!\!R \,,$$

wobei

$$\begin{aligned}
f_1(x,u) &= x_2 \,, \\
f_2(x,u) &= -\tfrac{g}{\ell} \sin x_1 - \tfrac{u}{\ell} \cos x_1 \,, \\
f_3(x,u) &= x_4 \,, \\
f_4(x,u) &= u \,,
\end{aligned}$$

hat das System (2.28) die Form (2.1), und es gilt

$$f_i \in C^1(I\!\!R^4 \times I\!\!R) \quad \text{für} \quad i = 1, \ldots, 4 \,.$$

Offenbar ist für $u \equiv 0$ der Punkt $\theta_4 = (0,0,0,0)^T \in I\!\!R^4$ ein Ruhepunkt des Systems (2.28), und wir erhalten

$$A = (f_{ix_j}(\theta_4, 0))_{i,j=1,2,3,4} = \begin{pmatrix} 0 & 1 & 0 & 0 \\ -\tfrac{g}{\ell} & 0 & 0 & 0 \\ 0 & 0 & 0 & 1 \\ 0 & 0 & 0 & 0 \end{pmatrix}$$

sowie

$$B = (f_{1u}(\theta_4,0),\ f_{2u}(\theta_4,0),\ f_{3u}(\theta_4,0),\ f_{4u}(\theta_4,0))^T = \begin{pmatrix} 0 \\ -\tfrac{1}{\ell} \\ 0 \\ 1 \end{pmatrix} \,.$$

Wir haben bereits gezeigt (vgl. Abschnitt 2.1.2), daß die Kalman-Bedingung (2.12) für A und B erfüllt ist und daß die Matrix A lauter Eigenwerte mit Realteilen Null besitzt.

Auf Grund von Satz 2.6 ist daher das System (2.28) lokal restringiert nach $\hat{x} = \theta_4$ steuerbar.

Wir kehren jetzt zu der Frage nach der $\hat{x}$-Steuerbarkeit des Systems (2.1) zurück.

Wir denken uns wieder eine Menge $\Omega \subseteq I\!\!R^m$ mit $\theta_m \in \Omega$ vorgegeben. Für jedes $T > 0$ sei

$$U_T = \{u \in L^\infty(I\!\!R, I\!\!R^m)| \ u(t) \in \Omega \ \text{für fast alle} \ t \in [0,T]\} \ . \tag{2.29}$$

Ferner sei $S(\hat{x},T)$ für jedes $T > 0$ die Menge aller $x_0 \in I\!\!R^n$ derart, daß ein $u \in U_T$ existiert, so daß die eindeutige absolut stetige Lösung $x = x(t)$, $t \in I\!\!R$, von (2.1), (2.3) die Endbedingung $x(T) = \hat{x}$ erfüllt. Wir definieren

$$S(\hat{x}) = \bigcup_{T>0} S(\hat{x},T) \ . \tag{2.30}$$

Die Menge $S(\hat{x})$ besteht dann aus allen Vektoren $x_0 \in I\!\!R^n$ derart, daß eine Zeit $T > 0$ und eine Steuerung $u \in U_T$ existieren, so daß die eindeutige absolut stetige Lösung $x = x(t)$, $t \in I\!\!R$ von (2.1), (2.3) die Endbedingung $x(T) = \hat{x}$ erfüllt.

Mit dieser Definition gilt der

Satz 2.7: Sei $\hat{x}$ ein innerer Punkt von $S(\hat{x})$ ($\hat{x} \in S(\hat{x})$ folgt aus der Definition von $S(\hat{x})$), und $\hat{x}$ sei global asymptotisch stabil, d.h. $\hat{x}$ sei stabil und für jedes $x_0 \in I\!\!R^n$ gelte für die eindeutige Lösung $x = x(t)$ von $\dot{x} = f(x,\theta_m)$ mit $x(0) = x_0$ die Aussage $\lim\limits_{t\to 0} x(t) = \hat{x}$. Dann ist $S(\hat{x}) = I\!\!R^n$.

Beweis: Sei $x_0 \in I\!\!R^n$ beliebig vorgegeben. Dann gilt für die Lösung $x \in C^1(I\!\!R, I\!\!R^n)$ von

$$\dot{x}(t) = f(x(t),\theta_m) \ , \quad t \in I\!\!R \ ,$$

mit $x(0) = x_0$ die Aussage $\lim\limits_{t\to\infty} x(t) = \hat{x}$. Da $\hat{x}$ ein innerer Punkt von $S(\hat{x})$ ist, gibt es ein $t_1 > 0$ mit $x(t_1) \in S(\hat{x})$. Daraus folgt die Existenz einer Zeit $T > 0$ und einer Funktion $u \in U_T$, so daß die absolut stetige Lösung $\tilde{x} = \tilde{x}(t)$ von

$$\dot{\tilde{x}}(t) = f(\tilde{x}(t),u(t)), \ t \in I\!\!R, \ \text{mit} \ \tilde{x}(0) = x(t_1)$$

die Endbedingung $\tilde{x}(T) = \hat{x}$ erfüllt.

Definiert man

$$u^*(t) = \begin{cases} \theta_m & \text{für} \quad t \leq t_1 \ , \\ u(t-t_1) & \text{für} \quad t > t_1 \ , \end{cases}$$

so ist $u^* \in U_T$, und es gilt für die eindeutige absolut stetige Lösung $x^* = x^*(t)$, $t \in I\!\!R$, von $\dot{x}^*(t) = f(x^*(t),u^*(t))$, $t \in I\!\!R$, $x^*(0) = x(0) = x_0$ die Endbedingung $x^*(T + t_1) = \tilde{x}(T) = \hat{x}$.

Wir wollen diesen Satz auf lineare Systeme der Form (2.6) anwenden. Bei diesen ist

$$f(x,u) = Ax + Bu \ , \quad x \in I\!\!R^n \ , \quad u \in I\!\!R^m \ ,$$

und für jedes $x \in I\!R^n$ ist

$$(f_{ix_j}(x, \theta_m))_{i,j=1,\ldots,n} = A \ .$$

Wir betrachten den Ruhepunkt $\hat{x} = \theta_n$ von System (2.6). Dann folgt für jedes $T > 0$

$$S(\hat{x}, T) = E(T) \quad (2.22).$$

und

$$S(\hat{x}) = E \quad (2.23) \ .$$

Satz 2.8: Ist die Kalman-Bedingung (2.12) erfüllt, so ist $\hat{x} = \theta_n$ ein innerer Punkt von $E = S(\theta_n)$.

Beweis: Annahme: θ_m sei kein innerer Punkt von E. Dann ist θ_n auch kein algebraisch innerer Punkt von E, und es ist $K(E) = \bigcup_{\lambda \geq 0} \lambda E$ nicht gleich $I\!R^n$. Da wegen $E = -E$ der konvexe Kegel $K(E)$ ein linearer Raum ist, ist E als Teilmenge von $K(E)$ ganz in einer Hyperebene enthalten. Es gibt also ein $\eta \in I\!R^n$ mit $\eta \neq \theta_n$ und

$$\eta^T e = 0 \quad \text{für alle} \quad e \in E \ .$$

Insbesondere ist für jedes $T > 0$

$$\int\limits_0^T \eta^T e^{-tA} B u(t)\, dt = 0 \quad \text{für alle} \quad u \in U_T$$

und damit für alle $u \in L^\infty([0, T], I\!R^m) = \overline{\bigcup_{\lambda \geq 0} \lambda U_T}$.

Daraus folgt

$$\eta^T e^{-tA} B = 0 \quad \text{für alle} \quad t \in [0, T]$$

und $\eta = \theta_n$ nach Satz 2.2, ein Widerspruch. Damit ist die Annahme falsch und der Satz bewiesen.

Aus Satz 2.7 ergibt sich dann der folgende

Satz 2.9: Ist die Kalman-Bedingung (2.12) erfüllt und besitzt die Matrix A nur Eigenwerte mit negativen Realteilen, so gibt es zu jedem $x_0 \in I\!R^n$ ein $T > 0$ und eine Steuerungsfunktion $u \in U_T$ (2.20) existieren, so daß die eindeutige absolut stetige Lösung $x = x(t)$, $t \in I\!R$, von (2.6), (2.3) die Endbedingung (2.18) erfüllt.

Dieser Satz ist in Satz 2.4 enthalten.

2.1.5 Eine Approximative Lösung des Problems der restringierten Null-Steuerbarkeit

Wir betrachten noch einmal das Problem der restringierten Null-Steuerbarkeit in Abschnitt 2.1.3. Wir denken uns $T > 0$ und $x_0 \in I\!\!R^n$ vorgegeben und formulieren das folgende

Approximationsproblem: Gesucht ist ein $u_T \in U_T$ (2.20) derart, daß gilt

$$\| \int\limits_0^T Y(t)\, u_T(t)\, dt + x_0 \|_2 \leq \| \int\limits_0^T Y(t)\, u(t)\, dt + x_0 \|_2 \quad \text{für alle} \quad u \in U_T \,,$$

wobei $Y(t)$ durch (2.8) definiert ist.

Eine Lösung $u_T \in U_T$ dieses Approximationsproblems wird als Annäherung einer Lösung des Problems der restringierten Null-Steuerbarkeit angesehen.
Definiert man

$$V = \{ y \in I\!\!R^n \,|\, y = \int\limits_0^T Y(t)\, u(t)\, dt \,, \text{ wobei } u \in U_T \} \,,$$

so erhält man eine konvexe Teilmenge des $I\!\!R^n$. Diese Menge ist auch schwach abgeschlossen, d.h. es gilt die Implikation

$$\left\{ \begin{array}{l} \lim\limits_{k \to \infty} y_k^T x = y^T x \text{ für alle } x \in I\!\!R \\[1mm] \text{und} \quad y_k \in V \quad \text{für alle} \quad k \in I\!\!N \end{array} \right\} \Longrightarrow y \in V \,.$$

Beweis: $y_k \in V$ impliziert für jedes $k \in I\!\!N$ die Existenz einer Funktion $u_k \in \{ u \in L^\infty([0,T], I\!\!R^m| \, \|u(t)\|_\infty \leq 1 \text{ für fast alle } t \in [0,T] \} = K_\infty(T)$ mit

$$y_k = \int\limits_0^T Y(t)\, u_k(t)\, dt \,,$$

was

$$\lim\limits_{k \to \infty} \int\limits_0^T u_k(t)^T\, Y(t)^T\, x\, dt = y^T x \quad \text{für alle} \quad x \in I\!\!R^n$$

impliziert. Da die Menge $K_\infty(T)$ schwach* Folgen-kompakt ist, gibt es ein $u \in K_\infty(T)$ und eine Teilfolge $(u_{k_i})_{i \in N}$ mit

$$\lim\limits_{i \to \infty} \int\limits_0^T u_{k_i}(t)^T\, Y(t)^T\, x\, dt = \int\limits_0^T u(t)^T\, Y(t)^T\, x\, dt \,,$$

woraus

$$\left(y^T - \int_0^T u(t)^T Y(t)^T \, dt\right) x = 0 \quad \text{folgt für alle} \quad x \in I\!R^n \ .$$

Daraus folgt weiter

$$y = \int_0^T Y(t) \, u(t) \, dt \iff y \in V \ ,$$

was den Beweis vollendet.

Aus der schwachen Abgeschlossenheit der Menge V folgt, daß V auch abgeschlossen ist. Als Folge eines bekannten Satzes aus der Approximationstheorie erhält man damit die Existenz genau eines Vektors $y^* \in V$ mit

$$\|y^* + x_0\|_2 \leq \|y + x_0\|_2 \quad \text{für alle} \quad y \in V \ ,$$

der charakterisiert ist durch die Eigenschaft

$$(y^* + x_0)^T y^* \leq (y^* + x_0)^T y \quad \text{für alle} \quad y \in V \ ,$$

falls $y^* + x_0 \neq \theta_n$ ist.

Fallunterscheidung:

(a) Sei $y^* + x_0 = \theta_n$. Dann ist jedes $u^* \in U_T$ mit

$$y^* = \int_0^T Y(t) \, u^*(t) \, dt$$

eine Lösung des Problems der restringierten Null-Steuerbarkeit.

(b) Sei $y^* + x_0 \neq \theta_n$. Für jedes $u^* \in U_T$ wie in (a) ergibt sich dann aus der obigen Charakterisierung von $y^* \in V$

$$-\int_0^T (y^* + x_0)^T Y(t) \, u^*(t) \, dt = \int_0^T \|(y^* + x_0)^T Y(t)\|_1 \, dt \ .$$

Diese Gleichung lösen wir iterativ, indem wir, ausgehend von

$$y^0 = \theta_n \quad \text{und} \quad u_k^0(t) = \text{sgn}(x_0^T Y(t))_k \quad \text{für} \quad k = 1, \ldots, n, \ t \in [0, T]$$

(wobei $\text{sgn}(0) = 0$ gesetzt wird), eine Folge $(y^N)_{n \in N_0}$ in $I\!R^n$ und eine Folge $(u^N)_{n \in N_0}$ in $K_\infty(T)$ folgendermaßen konstruieren:

Ist $y^N \in I\!N$ gegeben, so definieren wir

$$u_k^N(t) = \text{sgn}((y^N + x_0)^T Y(t))_k \quad \text{für} \quad k = 1, \ldots, n, \ t \in [0, T]$$

und damit

$$y^{N+1} = \int\limits_0^T Y(t)\,u^N(t)\,dt \ .$$

Konvergiert die Folge $(u^N)_{n\in N_0}$ schwach* gegen $u^* \in K_\infty(T)$, so konvergiert die Folge $(y^N)_{N\in N_0}$ gegen $y^* = \int\limits_0^T Y(t)\,u^*(t)\,dt$, und y^* und u^* erfüllen die Gleichung in (b).

2.1.6   Ein Spezialfall

Wir kommen noch einmal auf das Problem der Steuerbarkeit in Abschnitt 2.1.1 zurück und nehmen an, daß die Funktionen $f_i : I\!R^n \times I\!R^m \to I\!R$ in (2.1) für $i = 1, \ldots, n$ von der Form

$$f_i(x, u) = g_i(x) + \sum_{j=1}^m g_{ij}\,u_j \tag{2.31}$$

sind mit $g_i, g_{ij} \in C^1(I\!R^n)$ für $i = 1, \ldots, n$ und $j = 1, \ldots, m$.

Wir denken uns eine Zeit $T > 0$ und $x_0, x_T \in I\!R^n$ vorgegeben. Für jedes $u \in L^\infty(I\!R, I\!R^m)$ nehmen wir an, daß es genau eine absolut stetige Vektorfunktion $x = x(u) : [0, T] \to I\!R^n$ gebe, die die Differentialgleichungen

$$\dot{x}_i(t) = g_i(x(t)) + \sum_{j=1}^m g_{ij}(x(t))\,u_j(t)\ , \quad t \in (0, T)\ , \quad \text{für}\ \ i = 1, \ldots, n \tag{2.32}$$

löst und der Anfangsbedingung

$$x(0) = x_0 \tag{2.3}$$

genügt. Damit genügt $x = x(u)$ für jedes $i = 1, \ldots, n$ der Integralgleichung

$$x_i(u)(t) = x_{0i} + \int\limits_0^t g_i(x(u)(s))\,ds + \sum_{j=1}^m \int\limits_0^t g_{ij}(x(u)(s))\,u_j(s)\,ds \ .$$

Definiert man für jedes $i = 1, \ldots, n$

$$c_i(u) = x_{Ti} - x_{0i} - \int\limits_0^T g_i(x(u)(t))\,dt$$

und

$$G_i(u)(t) = (g_{i1}(x(u)(t)), \ldots, g_{im}(x(u)(t)))\ , \quad t \in [0, T]\ ,$$

so ist die Endbedingung

$$x(u)(T) = x_T \tag{2.33}$$

gleichbedeutend mit den Momentengleichungen

$$\int\limits_{0}^{T} <G_i(u)(t)^T, u(t)> \, dt = c_i(u) \quad \text{für } i = 1, \ldots, n \,, \tag{2.34}$$

wobei $< \cdot, \cdot >$ das Skalarprodukt in $I\!R^m$ bezeichnet. Für jedes $u \in L^\infty(I\!R, I\!R^m)$ definieren wir eine Norm auf $[0, T]$ durch

$$\|u\|_{\infty,T} = \operatorname*{ess\ sup}_{t \in [0,T]} \|u(t)\|_2 \,,$$

wobei $\| \cdot \|_2$ die Euklidische Norm in $I\!R^m$ bezeichnet.

Mit $G(u) = (g_{ij}(u))_{\substack{i=1,\ldots,n \\ j=1,\ldots,m}}$ und $c(u) = (c_1(u), \ldots, c_n(u))^T$ gilt dann der

Satz 2.10: Sei $M > 0$ vorgegeben. Gibt es dann ein $u \in L^\infty(I\!R, I\!R^m)$ mit

$$\|u\|_{\infty,T} \leq M \,,$$

welches (2.34) erfüllt, so folgt

$$\langle c(u), y \rangle \leq M \int\limits_{0}^{T} \|G(u)(t)^T y\|_2 \, dt \quad \text{für alle} \quad y \in I\!R^m \,. \tag{2.35}$$

Beweis: Sei $y \in I\!R^m$ beliebig gewählt. Dann folgt

$$
\begin{aligned}
\langle c(u), y \rangle &= \sum_{i=1}^{m} c_i(u)\, y_i = \sum_{i=1}^{m} \int_{0}^{T} \langle G_i(u)(t)^T, u(t) \rangle \, dt \, y_i \\
&= \int_{0}^{T} \langle G(u)(t)^T y, u(t) \rangle \, dt \leq \int_{0}^{T} \|G(u)(t)^T y\|_2 \, \|u(t)\|_2 \, dt \\
&\leq \|u\|_{\infty,T} \int_{0}^{T} \|G(u)(t)^T y\|_2 \, dt \leq M \int_{0}^{T} \|G(u)(t)^T y\|_2 \, dt \,,
\end{aligned}
$$

was den Beweis vollendet.

Wir nehmen nun an, für ein $u \in L^\infty(I\!R, I\!R^m)$ sei die Bedingung (2.35) erfüllt, und die Zeilenvektorfunktionen $G_i(u)(t)$, $t \in [0, T]$, $i = 1, \ldots, n$, seien linear unabhängig.

Sei V der lineare Unterraum von $L^1([0, T], I\!R^m)$, der von den Vektorfunktionen $G_i(u)^T : [0, T] \to I\!R^m$ aufgespannt wird. Für jedes $v \in V$ definieren wir ein lineares Funktional $\ell : V \to I\!R$ durch

$$\ell(v) = c(u)^T y \,, \quad \text{wobei} \quad v(t) = \sum_{i=1}^{m} y_i \, G_i(u)(t)^T = G(u)(t)^T y \,. \tag{2.36}$$

Auf Grund der linearen Unabhängigkeit von $G_1(u)^T, \ldots, G_n(u)^T$ auf $[0, T]$ ist dieses lineare Funktional wohldefiniert. Weiterhin ist ℓ auf V beschränkt, und es gilt

$$\|\ell\| = \sup\{\ell(v)| \ v \in V, \ \int_0^T \|v(t)\|_2\, dt = 1\} \leq M$$

als Folgerung aus (2.35). Nach dem Satz von Hahn-Banach kann ℓ zu einem beschränkten linearen Funktional auf ganz $L^1([0, T], I\!\!R^m)$ mit derselben Norm fortgesetzt werden und ist darstellbar in der Form

$$\ell(v) = \int_0^T \langle u^*(t), v(t)\rangle\, dt, \ v \in L^1([0, T], I\!\!R^m) , \tag{2.37}$$

für ein $u^* \in L^\infty(I\!\!R, I\!\!R^m)$ mit $\|u^*\|_{\infty,T} \leq M$.

Wählt man speziell $v = G_i(u)^T$ für $i = 1, \ldots, n$, so folgt aus (2.35) und (2.36), daß gilt

$$\int_0^T \langle G_i(u)(t)^T, u^*(t)\rangle\, dt = c_i(u) \quad \text{für} \quad i = 1, \ldots, n . \tag{2.38}$$

Die kleinste Zahl $M \geq 0$, für die (2.35) erfüllt werden kann, ist gegeben durch

$$M(u) = \sup\{c(u)^T y| \ y \in I\!\!R^n, \ \int_0^T \|G(u)(t)^T y\|_2\, dt = 1\} . \tag{2.39}$$

Auf Grund der obigen Betrachtungen gibt es für jedes $M \geq M(u)$ im Falle $M(u) > 0$ ein $u^* \in L^\infty(I\!\!R, I\!\!R^m)$ mit $\|u^*\|_{\infty,T} \leq M$, für das (2.38) erfüllt ist.

Ist andererseits $u^* \in L^\infty(I\!\!R, I\!\!R^m)$ eine Lösung von (2.38), so folgt für jedes $y \in I\!\!R^n$ notwendig

$$c(u)^T y = \int_0^T \langle G(u)(t)^T y, u^*(t)\rangle\, dt \leq \|u^*\|_{\infty,T} \int_0^T \|G(u)(t)^T y\|_2\, dt .$$

Daraus ergibt sich

$$M(u) = \min\{\|u^*\|_{\infty,T}| \ u^* \in L^\infty(I\!\!R, I\!\!R^m) \ \text{erfüllt (2.38)}\} . \tag{2.40}$$

Auf Grund der linearen Unabhängigkeit von $G_1(u)^T, \ldots, G_n(u)^T$ auf $[0, T]$ ist die Menge

$$W(u) = \{y \in I\!\!R^n| \ \int_0^T \|G(u)(t)^T y\|_2\, dt = 1\}$$

kompakt, woraus sich die Existenz eines Vektors $\hat{y} \in W(u)$ ergibt mit

$$c(u)^T \hat{y} = M(u) .$$

Sei

$$U(u) = \{u^* \in L^\infty(I\!R, I\!R^m)|\; u^* \text{ erfüllt (2.38)}\} \; .$$

Dann folgt für jedes $\hat{u} \in U(u)$ mit $\|\hat{u}\|_{\infty,T} = M(u)$ und jedes $\hat{y} \in W(u)$ mit $c(u)^T \hat{y} = M(u)$, daß gilt

$$\int\limits_0^T \langle G(u)(t)^T \hat{y}, \hat{u}(t)\rangle \, dt = \|\hat{u}\|_{\infty,T} \; . \tag{2.41}$$

Aus der Ungleichung

$$\int\limits_0^T \langle G(u)(t)^T \hat{y},\, \hat{u}(t)\rangle \, dt \leq \int\limits_0^T \|G(u)(t)^T \hat{y}\|_2 \, \|\hat{u}(t)\|_2 \, dt \leq \|\hat{u}\|_{\infty,T}$$

folgt daher die Gleichung

$$\int\limits_0^T \langle G(u)(t)^T \hat{y}, \hat{u}(t)\rangle \, dt = \int\limits_0^T \|G(u)(t)^T \hat{y}\|_2 \, \|\hat{u}(t)\|_2 \, dt$$

und weiter

$$\langle G(u)(t)\,\hat{y}, \hat{u}(t)\rangle = \|G(u)(t)^T \hat{y}\|_2 \, \|\hat{u}(t)\|_2 \quad \text{für fast alle} \quad t \in [0,T] \; .$$

Das ist nur möglich, wenn für fast alle $t \in [0,T]$ ein $\alpha(t) \in I\!R$ mit $\alpha(t) \geq 0$ existiert, so daß gilt

$$\hat{u}(t) = \alpha(t)\, G(u)(t)^T \hat{y} \; .$$

Annahme: Für jedes $y \in I\!R^n$ mit $y \neq \theta_n$ sei

$$G(u)(t)^T y \neq \theta_n \quad \text{für fast alle} \quad t \in [0,T] \; .$$

Unter dieser Annahme folgt

$$\alpha(t) = \frac{\|\hat{u}(t)\|_2}{\|G(u)(t)^T \hat{y}\|_2} \quad \text{für fast alle} \quad t \in [0,T]$$

und somit

$$\hat{u}(t) = \frac{\|\hat{u}(t)\|_2}{\|G(u)(t)^T \hat{y}\|_2}\, G(u)(t)^T \hat{y} \quad \text{für fast alle} \quad t \in [0,T] \; .$$

Einsetzen in (2.41) führt zu

$$\int\limits_0^T \|G(u)(t)^T \hat{y}\|_2 \, \|\hat{u}(t)\|_2 \, dt = \|\hat{u}\|_{\infty,T}$$

oder

$$\int\limits_0^T \left(\|\hat{u}(t)\|_2 - \|\hat{u}\|_{\infty,T} \right) \|G(u)(t)^T \hat{y}\|_2 \, dt = 0 \, ,$$

mithin

$$\|\hat{u}(t)\|_2 = \|\hat{u}\|_{\infty,T} = M(u) = c(u)^T \hat{y} \quad \text{für fast alle} \quad t \in [0,T] \, .$$

Als Ergebnis erhalten wir

$$\hat{u}(t) = \frac{c(u)^T \hat{y}}{\|G(u)(t)^T \hat{y}\|_2} \, G(u)(t)^T \hat{y} \quad \text{für fast alle} \quad t \in [0,T] \, .$$

Um eine Lösung $u \in L^\infty(I\!R, I\!R^m)$ der Gleichung (2.34) zu finden, könnte man nun das folgende Iterationsverfahren durchführen: Ausgehend von $u^\circ = \theta_m$ auf $I\!R$ wird eine Folge $(u^k)_{k \in N_0}$ in $L^\infty(I\!R, I\!R^m)$ folgendermaßen erzeugt: Ist $u^k \in L^\infty(I\!R, I\!R^m)$ gegeben, so werden für $i = 1,\ldots,n$ Zahlen

$$c_i(u^k) = x_{Ti} - x_{0i} - \int\limits_0^T g_i(x(u^k)(t)) \, dt$$

und Vektorfunktionen

$$G_i(u^k)(t) = (g_{i1}(x(u^k)(t)), \ldots, g_{im}(x(u^k)(t)), \, t \in [0,T] \, ,$$

berechnet.

Annahme: Für jedes $y \in I\!R^n$ mit $y \neq \theta_n$ sei

$$G(u^k)(t)^T y = \sum_{i=1}^m y_i \, G_i(u^k)(t) \neq \theta_m \quad \text{für fast alle} \quad t \in [0,T] \, .$$

Diese Annahme impliziert, daß $G_1(u^k)^T, \ldots, G_n(u^k)^T$ auf $[0,T]$ linear unabhängig sind. Sodann bestimmen wir ein $y^k \in W(u^k)$ mit

$$c(u^k)^T y^k = M(u^k)$$

und setzen im Falle $M(u^k) > 0$

$$u^{k+1}(t) = \frac{c(u^k)^T y^k}{\|G(u^k)(t) y^k\|_2} \, G(u^k)(t) y^k$$

für fast alle $t \in [0,T]$ und $u^{k+1}(t) = \theta_m$ für alle $t \notin [0,T]$.

Ist $M(u^k) = 0$, so bricht das Verfahren ab.

2.2   Der Zeit-diskrete Fall

2.2.1   Das Problem der Fixpunkt-Steuerbarkeit

Wir gehen aus von einem System von Differenzengleichungen der Form

$$x_i(t+1) = g_i(x(t), u(t)) , \quad i = 1, \ldots, n, \tag{2.42}$$

für $t \in I\!N_0$, wobei $g_i : I\!R^n \times I\!R^m \to I\!R$ vorgegebene Funktionen sind mit $g_i \in C(I\!R^n \times I\!R^m)$ für $i = 1, \ldots, n$.

Für jede Funktion $u : I\!N_0 \to I\!R^m$ und jeden Vektor $x_0 \in I\!R^n$ gibt es genau eine Lösung $x : I\!N_0 \to I\!R^n$ von (2.42) mit

$$x(0) = x_0 . \tag{2.43}$$

Wir nehmen an, daß das ungesteuerte System Fixpunkte $\hat{x} \in I\!R^n$ besitzt, die der Gleichung

$$\hat{x} = g(\hat{x}, \theta_m) \tag{2.44}$$

genügen, wobei $g = (g_1, \ldots, g_n)^T$ ist.

Nun sei Ω eine Teilmenge von $I\!R^m$ mit $\theta_m \in \Omega$. Damit definieren wir die Menge der zulässigen Steuerungsfunktionen vermöge

$$U = \{ u : I\!N_0 \to I\!R^m \mid u(t) \in \Omega \quad \text{für alle} \quad t \in I\!N_0 \} . \tag{2.45}$$

Problem der Fixpunkt-Steuerbarkeit: Gegeben sei ein Fixpunkt $\hat{x} \in I\!R^n$ des Systems

$$x(t+1) = g(x(t), \theta_m) , \quad t \in I\!N_0 , \tag{2.46}$$

d.h. eine Lösung $\hat{x}$ der Gleichung (2.44).

Zu vorgegebenem $x_0 \in I\!R^n$ wird dann eine Steuerung $u \in U$ (2.45) gesucht derart, daß die eindeutige Lösung $x : I\!N_0 \to I\!R^n$ von (2.42) mit (2.43) die Endbedingung

$$x(N) = \hat{x} \tag{2.47}$$

für ein $N \in I\!N_0$ erfüllt.

Nun sei $S(\hat{x})$ die Menge aller Vektoren $x_0 \in I\!R^n$ derart, daß eine Zeit $N \in I\!N_0$ und eine Steuerung $u \in U$ (2.45) existieren, so daß die eindeutige Lösung $x : I\!N_0 \to I\!R^n$ von (2.42), (2.43) der Endbedingung (2.47) genügt.

Offenbar gilt $\hat{x} \in S(\hat{x})$.

In Analogie zu Satz 2.7 gilt der

Satz 2.11: Ist $\hat{x}$ ein innerer Punkt von $S(\hat{x})$ und zugleich ein global attraktiver Fixpunkt des Systems (2.46), so gilt

$$S(\hat{x}) = I\!R^n ,$$

d.h. für jedes $x_0 \in I\!\!R^n$ gibt es eine Zeit $N \in I\!\!N_0$ und eine Steuerung $u \in U$ (2.45) derart, daß die eindeutige Lösung $x : I\!\!N_0 \to I\!\!R^n$ von (2.42), (2.43) der Endbedingung (2.47) genügt.

Beweis: Da $\hat{x} \in S(\hat{x})$ ein global attraktiver Fixpunkt des Systems (2.46) ist, gilt für jede Lösung $x : I\!\!N_0 \to I\!\!R^n$ von (2.46) mit (2.43) für $x_0 \in I\!\!R^n$ die Aussage $\hat{x} = \lim\limits_{t \to \infty} x(t)$. Da $\hat{x}$ ein innerer Punkt von $S(\hat{x})$ ist, gibt es ein $t = N_1 \in I\!\!N_0$ mit $x(t) \in S(\hat{x})$. Daraus folgt die Existenz einer Zeit $N \in I\!\!N_0$ und einer Steuerung $u \in U$ (2.45) derart, daß die eindeutige Lösung $\tilde{x} : I\!\!N_0 \to I\!\!R^n$ von

$$\tilde{x}(t+1) = g(\tilde{x}(t), u(t)) , \quad t \in I\!\!R , \quad \text{mit} \quad \tilde{x}(0) = x(N_1)$$

die Endbedingung $\tilde{x}(N) = \hat{x}$ erfüllt.

Definiert man eine Funktion $u^* : I\!\!N_0 \to I\!\!R^m$ vermöge

$$u^*(t) = \begin{cases} \theta_m & \text{für} \quad t = 0, \ldots, N_1 , \\ u(t) & \text{für} \quad t > N_1 , \end{cases}$$

so ist $u^* \in U$, und es gilt für die eindeutige Lösung $x^* : I\!\!N_0 \to I\!\!R^n$ von

$$x^*(t+1) = g(x^*(t), u^*(t)) , \quad t \in I\!\!R , \quad x^*(0) = x_0$$

die Endbedingung $x^*(N + N_1) = \tilde{x}(N) = \hat{x}$. Damit ist der Beweis beendet.

Zur Lösung des Problems der Fixpunkt-Steuerbarkeit bietet sich der folgende Algorithmus an, mit dem schrittweise eine Funktion $u : I\!\!N_0 \to I\!\!R^m$ und eine Lösung $x_u : I\!\!N_0 \to I\!\!R^n$ von (2.42), (2.43) konstruiert wird, beginnend mit $x_u(0) = x_0$. Ist $x_u(t)$ für ein $t \in I\!\!N_0$ konstruiert (oder für $t = 0$ vorgegeben), so bestimmen wir ein $u(t) \in \Omega$ derart, daß gilt

$$\sum_{i=1}^{n} (g_i(x_u(t), u(t)) - \hat{x}_i)^2 + \sum_{i=1}^{m} u_i(t)^2$$

$$\leq \sum_{i=1}^{n} (g_i(x_u(t), v) - \hat{x}_i)^2 + \sum_{i=1}^{m} v_i^2 \quad \text{für alle} \quad v \in \Omega .$$

Damit definieren wir $x_u(t+1) = g(x(t), u(t))$ und setzen das Verfahren mit $t+1$ anstelle von t fort.

In jedem Schritt des Verfahrens wird also versucht, dem Fixpunkt $\hat{x}$ möglichst nahezukommen und zugleich den Steuerungsvektor möglichst nahe bei θ_m zu wählen, was sinnvoll ist, da man nach endlich vielen Schritten eine Lösung $\hat{x} \in I\!\!R^n$ der Gleichung (2.44) anstrebt.

2.2.2 Fixpunkt-Steuerbarkeit linearer Systeme

Anstelle von (2.42) betrachten wir ein System der Form

$$x(t+1) = Ax(t) + Bu(t) \tag{2.48}$$

für $t \in I\!N_0$, wobei A eine reelle $n \times n$-Matrix und B eine reelle $n \times m$-Matrix ist. Ist $u : I\!N_0 \to I\!R^m$ eine vorgegebene Funktion und ist $x_0 \in I\!R^n$ ein vorgegebener Vektor, so ist die eindeutige Lösung $x : I\!N_0 \to I\!R^n$ von (2.48) mit (2.43) gegeben durch

$$x(t+1) = A^{t+1} x_0 + A^t Bu(0) + A^{t-1} Bu(1) + \ldots + Bu(t) \quad \text{für } t \in I\!N_0 . \qquad (2.49)$$

Hieraus ergibt sich der

Satz 2.12: Sei

$$\text{Rang}(B, AB, \ldots, A^{n-1}B) = n . \qquad (2.12)$$

Dann gibt es zu jedem Paar $x_0, x_n \in I\!R^n$ eine Funktion $u : I\!N_0 \to I\!R^m$ derart, daß für die Lösung $x : I\!N_0 \to I\!R^n$ von (2.48) mit $x(0) = x_0$ die Endbedingung

$$x(n) = x_n$$

erfüllt ist.

Beweis: Auf Grund der Kalman-Bedingung (2.12) gibt es zu jedem Paar $x_0, x_n \in I\!R^n$ Vektoren $u(0), \ldots, u(n-1) \in I\!R^m$ mit

$$Bu(n-1) + \ldots + A^{n-1} Bu(0) = x_n - A^n x_0 .$$

Setzt man $u(t) = \theta_m$ für alle $t \geq n$, so ist $u : I\!N_0 \to I\!R^m$ eine Funktion derart, daß für die eindeutige Lösung $x : I\!N_0 \to I\!R^n$ von (2.48) mit $x(0) = x_0$ die Endbedingung $x(n) = x_n$ erfüllt ist, was den Beweis beendet.

Ist speziell $x_n = \theta_n$, d.h. ein Fixpunkt des Systems

$$x(t+1) = Ax(t) , \quad t \in I\!N_0 ,$$

und ist A nicht-singulär, so folgt aus der Kalman-Bedingung (2.12) für jedes $x_0 \in I\!R^n$ die Existenz einer Funktion $u : I\!N_0 \to I\!R^m$ mit

$$-A^n x_0 = \sum_{k=0}^{n-1} A^k Bu(n-1-k) .$$

Das gibt Anlaß, für jedes $t = N \in I\!N_0$ eine Erreichbarkeitsmenge

$$E(N) = \{x = \sum_{k=0}^{N-1} A^k Bu(N-1-k)| \; u \in U \; (2.45)\}$$

zu definieren und damit die Menge

$$E = \bigcup_{N \in \mathbf{N}_0} E(N) . \qquad (2.50)$$

Dann ist E zugleich auch die Menge $S(\theta_n)$ aller Vektoren $x_0 \in I\!R^n$ derart, daß eine Zeit $N \in I\!N_0$ und eine Steuerungsfunktion $u \in U$ (2.45) existieren, so daß die eindeutige Lösung $x : I\!N_0 \to I\!R^n$ von (2.48), (2.43) der Endbedingung

$$x(N) = \theta_n$$

genügt.

Offenbar gilt auch $\theta_n \in E = S(\theta_n)$.
Nun sei Ω eine konvexe Teilmenge von $I\!R^m$ mit θ_m als innerem Punkt und

$$u \in \Omega \Longrightarrow -u \in \Omega \ . \tag{2.51}$$

Dann gilt der (vgl. Satz (2.8))

Satz 2.13: Ist die Kalman-Bedingung (2.12) erfüllt, so ist θ_n ein innerer Punkt von $S(\theta_n) = E$ (2.50).

Beweis: Auf Grund der Annahme bezüglich Ω ist die Menge $E(N)$ für jedes $N \in I\!N_0$ konvex. Weiter gilt

$$E(N) \subseteq E(N+1) \quad \text{für alle} \quad N \in I\!N_0 \ ,$$

so daß auch E (2.50) konvex ist. Wegen (2.51) ist $E = -E$.

Annahme: θ_n sei kein innerer Punkt von E. Dann ist θ_n auch kein algebraisch innerer Punkt von E, und es ist $K(E) = \bigcup_{\lambda \geq 0} \lambda E$ nicht gleich $I\!R^n$. Wegen $E = -E$ ist der konvexe Kegel $K(E)$ ein linearer Raum und somit E als Teilmenge von $K(E)$ ganz in einer Hyperebene enthalten. Es gibt also ein $y \in I\!R^n$ mit $y \neq \theta_n$ und

$$y^T e = 0 \quad \text{für alle} \quad e \in E \ .$$

Insbesondere ist für jedes $N \geq n$

$$\sum_{k=0}^{N-1} y^T A^k B u(N-1-k) = 0 \quad \text{für alle} \quad u \in U_N \ ,$$

wobei

$$U_N = \{u : I\!N_0 \to I\!R^m \mid u(t) \in \Omega \text{ für } t = 0, \ldots, N-1\} \ .$$

Daraus folgt

$$\sum_{k=0}^{N-1} y^T A^k B u(N-1-k) = 0 \quad \text{für alle} \quad u \in (I\!R^m)^N$$

und weiter

$$y^T A^k B = \theta_m^T \quad \text{für} \quad k = 0, \ldots, n-1 \,,$$

ein Widerspruch zur Kalman-Bedingung, aus der $y = \theta_n$ folgen würde.

Als Analogon zu Satz 2.9 erhalten wir den

Satz 2.14: Sei die Kalman-Bedingung (2.12) erfüllt. Ferner sei A nicht-singulär und habe nur Eigenwerte vom Betrage kleiner als eins. Dann gibt es für jedes $x_0 \in I\!R^n$ eine Zeit $N \in I\!N_0$ und eine Funktion $u \in U$ (2.45) (wobei Ω den obigen Annahmen genüge) derart, daß die eindeutige Lösung $x : I\!N_0 \to I\!R^n$ von (2.48), (2.43) der Endbedingung $x(N) = \theta_n$ genügt.

Beweis: Da A nur Eigenwerte vom Betrage kleiner als eins besitzt, gilt für die eindeutige Lösung $x : I\!N_0 \to I\!R^n$ von

$$x(t+1) = Ax(t) \,, \quad t \in I\!N_0 \,, \quad x(0) = x_0 \,,$$

die gegeben ist durch

$$x(t) = A^t x_0 \,, \quad t \in I\!N_0 \,,$$

die Aussage

$$\lim_{t \to \infty} x(t) = \theta_n \,.$$

Nach Satz 2.13 ist θ_n ein innerer Punkt von $E = S(\theta_n)$, so daß der Beweis so fortgesetzt werden kann wie der Beweis von Satz 2.7.

Zur Lösung des Problems der Fixpunkt-Steuerbarkeit betrachten wir das folgende **Problem:** Sei $N \in I\!N$ vorgegeben. Dann minimieren wir das Funktional

$$\psi(u(0), \ldots, u(N-1)) =$$
$$\|A^N x_0 + A^{N-1} Bu(0) + A^{N-2} Bu(1) + \ldots + Bu(N-1)\|_2$$

unter der Nebenbedingungen

$$u(t) \in \Omega \quad \text{für} \quad t = 0, \ldots, N-1 \,.$$

Unter den Voraussetzungen des Satzes 2.14 gibt es ein $N \in I\!N$ und eine Lösung $(u^*(0), \ldots, u^*(N-1)) \in \Omega^N$ dieses Problems mit

$$\psi(u^*(0), \ldots, u^*(N-1)) = 0 \,.$$

Definiert man eine Funktion $u : I\!N_0 \to I\!R^m$ vermöge

$$u(t) = \begin{cases} u^*(t) & \text{für} \quad t = 0, \ldots, N-1 \,, \\ \theta_m & \text{für} \quad t \geq N \,, \end{cases}$$

so genügt die eindeutige Lösung $x : I\!N_0 \to I\!R^n$ von (2.48), (2.43), die durch (2.49) gegeben ist, der Endbedingung $x(N) = \theta_n$. Weiter ist

$$x(t) = \theta_n \quad \text{für alle} \quad T \geq N \, ,$$

d.h. der Fixpunkt θ_n bleibt erhalten.

Man kann auch wie in Abschnitt 2.2.1 schrittweise vorgehen und eine Funktion $u : I\!N_0 \to I\!R^m$ und dazu eine Lösung $x : I\!N_0 \to I\!R^n$ von (2.48), (2.43) folgendermaßen konstruieren: Ist $x_u(N)$ für ein $N \in I\!N_0$ konstruiert (oder für $N = 0$ vorgegeben), so bestimmt man $u(N) \in \Omega$ derart, daß

$$\|A\, x_u(N) + Bu(N)\|_2 \quad \text{minimal ausfällt}$$

und setzt

$$x_u(N+1) = Ax_u(N) + Bu(N) \, .$$

Ist $\Omega \subseteq I\!R^m$ konvex und abgeschlossen, so gibt es genau ein $Bu(N) \in B(\Omega)$ mit

$$\|Ax_u(N) + Bu(N)\|_2 \leq \|Ax_u(N) - Bv\|_2 \quad \text{für alle} \quad v \in \Omega \, ,$$

und $Bu(N)$ ist charakterisiert durch

$$(Ax_u(N) + Bu(N))^T Bu(N) = \max_{v \in \Omega} (Ax_u(N) + Bu(N))^T Bv \, . \tag{2.52}$$

Wir betrachten speziell den Fall

$$\Omega = \{v \in I\!R^m |\ \|v\|_2 \leq 1\} \, .$$

Fallunterscheidung:

(a) Es gibt ein $u \in \Omega$ mit

$$B^T(Ax_u(N) + Bu) = \theta_n \, .$$

Dann ist $u(N) = u$ eine Lösung des Gleichungssystems

$$B^T Bu(N) = -B^T Ax_u(N)) \, .$$

(b) $B^T(Ax_u(N) + Bu) \neq \theta_n$ für alle $u \in \Omega$.

Dann ist (2.52) gleichbedeutend mit der Gleichung

$$u(N) = \frac{1}{\lambda} B^T(Ax_u(N) + Bu(N)) \, , \tag{2.53}$$

wobei

$$\lambda = \|B^T(Ax_u(N) + Bu(N))\|_2 \, . \tag{2.54}$$

Diese lösen wir iterativ, indem wir, beginnend mit $u_0 = \theta_m$, eine Folge $(u_k)_{k \in I\!N_0}$ in Ω rekursiv definieren vermöge

$$u_{k+1} = \frac{1}{\lambda_k} B^T(Ax_u(N) + Bu_k)$$

und

$$\lambda_k = \|B^T(Ax_u(N) + Bu_k)\|_2 \,.$$

Konvergiert die Folge $(u_k)_{k \in I\!N_0}$ gegen ein $u(N) \in I\!R^m$, so folgt, daß $u(N) \in \Omega$ ist und der Gleichung (2.53) mit λ nach (2.54) genügt.

2.2.3   Ein weiterer Spezialfall

Wir kommen noch einmal auf das Problem der Fixpunkt-Steuerbarkeit in Abschnitt 2.2.1 zurück und nehmen in Analogie zu Abschnitt 2.1.6 an, daß die Funktionen $g_i : I\!R^n \times I\!R^m \to I\!R$ in (2.31) für $i = 1, ..., n$ von der Form

$$g_i(x, u) = g_{i0}(x) + \sum_{j=1}^{m} g_{ij}(x)\, u_j \tag{2.55}$$

sind mit $g_{i0}, g_{ij} : I\!R^n \to I\!R$ für $i = 1, ..., n$ und $j = 1, ..., m$.

    Sei ein Vektor $x_0 \in I\!R^n$ vorgegeben. Für jede Funktion $u : I\!N_0 \to I\!R^m$ gibt es dann genau eine Lösung $x = x(u) : I\!N_0 \to I\!R^n$ von

$$x_i(t+1) = x_i(t) + g_{i0}(x(t))$$
$$+ \sum_{j=1}^{m} g_{ij}(x(t))\, u_j(t),\ t \in I\!N_0 \quad \text{für} \quad i = 1, ..., n \tag{2.56}$$

mit

$$x(0) = x_0 \,. \tag{2.43}$$

Äquivalent zu (2.56), (2.43) sind die Gleichungen

$$x_i(u)(t+1) = x_{0i} + \sum_{s=0}^{t} g_{i0}(x(u)(s))$$
$$+ \sum_{j=1}^{m} \sum_{s=0}^{t} g_{ij}(x(u)(s))\, u_j(s) \quad \text{für} \quad i = 1, ..., n \,.$$

Nun sei $N \in I\!N$ vorgegeben. Definiert man dann für jedes $i = 1, ..., n$

$$c_i(u) = \hat{x}_i - x_{0i} - \sum_{t=0}^{N-1} g_{i0}(x(u)(t))$$

und

$$G_i(u)(t) = (g_{i1}(x(u)(t)), ..., g_{im}(x(u)(t)))^T \quad t = 0, ..., N-1 \,,$$

wobei $\hat{x} \in I\!\!R^n$ eine Lösung der Gleichungen

$$g_i(\hat{x}, \theta_n) = \hat{x}_i + g_{i0}(\hat{x}) = 0 , \quad i = 1, \ldots, n ,$$

ist, so ist die Endbedingung

$$x(u)(N) = \hat{x} \tag{2.47}$$

gleichbedeutend mit den Gleichungen

$$\sum_{t=0}^{N-1} G_i(u)(t)^T u(t) = c_i(u) \quad \text{für} \quad i = 1, \ldots, n . \tag{2.57}$$

Für jedes $u : I\!\!N_0 \to I\!\!R^m$ definieren wir eine Norm auf $\{0, \ldots, N-1\}$ durch

$$\|u\|_{\infty, N-1} = \max_{t=0,\ldots,N-1} \|u(t)\|_2 ,$$

wobei $\| \cdot \|_2$ die Euklidische Norm in $I\!\!R^m$ bezeichnet.
Mit $G(u) = (g_{ij}(u))_{\substack{i=1,\ldots,n \\ j=1,\ldots,m}}$ und $c(u) = (c_1(u), \ldots, c_n(u))^T$ gilt dann der

Satz 2.15: Sei $M > 0$ vorgegeben. Gibt es dann eine Funktion $u : I\!\!N_0 \to I\!\!R^m$ mit

$$\|u\|_{\infty, N-1} \leq M ,$$

welche (2.57) erfüllt, so folgt

$$c(u)^T y \leq M \sum_{t=0}^{N-1} \|G(u)(t)^T y\|_2 \quad \text{für alle} \quad y \in I\!\!R^n . \tag{2.58}$$

Der Beweis ist dem von Satz 2.10 völlig analog.

Wir nehmen nun an, daß für eine Funktion $u : I\!\!N_0 \to I\!\!R^m$ die Bedingung (2.58) erfüllt ist und daß die Vektorfunktionen $G_i(u)(t)$, $t = 0, \ldots, N-1$, $i = 1, \ldots, n$ linear unabhängig sind.

Dann existiert eine Funktion $u^* : I\!\!N_0 \to I\!\!R^m$ mit $\|u^*\|_{\infty, N-1} \leq M$, so daß die Gleichungen

$$\sum_{t=0}^{N-1} G_i(u)(t)^T u^*(t) = c_1(u) \quad \text{für} \quad i = 1, \ldots, n \tag{2.59}$$

erfüllt sind.
Der Beweis hierfür wird auf die gleiche Weise geführt wie der von (2.38).
Die kleinste Zahl $M \geq 0$, für die (2.59) erfüllt werden kann, ist gegeben durch

$$M(u) = \sup\{c(u)^T y \mid y \in I\!\!R^n, \sum_{t=0}^{N-1} \|G(u)(t)^T y\|_2 = 1\} . \tag{2.60}$$

Ist $M(u) > 0$, so gibt es für jedes $M \geq M(u)$ eine Funktion $u^* : I\!N_0 \to I\!R^m$ mit $\|u^*\|_{\infty,N-1} \leq M$ derart, daß (2.59) erfüllt ist.

Ist andererseits $u^* : I\!N_0 \to I\!R^m$ eine Lösung von (2.59), so folgt für jedes $y \in I\!R^n$ notwendig

$$c(u)^T y = \sum_{t=0}^{N-1} u^*(t)^T G(u)(t)^T y \leq \sum_{t=0}^{N-1} \|u^*(t)\|_2 \|G(u)(t)^T y\|_2$$

$$\leq \|u^*\|_{\infty,N-1} \sum_{t=0}^{N-1} \|G(u)(t)^T y\|_2 .$$

Daraus ergibt sich

$$M(u) = \min\{\|u^*\|_{\infty,N-1} | \; u^* : I\!N_0 \to I\!R^m \text{ erfüllt (2.59)}\} . \tag{2.61}$$

Auf Grund der linearen Unabhängigkeit von $G_1(u), \ldots, G_n(u)$ auf $\{0, \ldots, N-1\}$ ist die Menge

$$W(u) = \{y \in I\!R^n | \; \sum_{t=0}^{N-1} \|G(u)(t)^T y\|_2 = 1\}$$

kompakt, woraus sich die Existenz eines Vektors $\hat{y} \in W(u)$ ergibt mit

$$c(u)^T \hat{y} = M(u) .$$

Sei

$$U(u) = \{u^* : I\!N_0 \to I\!R^m | \; u^* \text{ erfüllt (2.59)}\} .$$

Dann folgt für jedes $\hat{u} \in U(u)$ mit $\|\hat{u}\|_{\infty,N-1} = M(u)$ und jedes $\hat{y} \in W(u)$ mit $c(u)^T \hat{y} = M(u)$, daß gilt

$$\sum_{t=0}^{N-1} \hat{y}^T G(u)(t) \hat{u}(t) = \|\hat{u}\|_{\infty,N-1} . \tag{2.62}$$

Annahme: Für jedes $y \in I\!R^n$ mit $y \neq \theta_n$ sei

$$G(u)(t)^T y \neq \theta_m \quad \text{für alle} \quad t = 0, \ldots, N-1 .$$

Dann folgt analog zu Abschnitt 2.1.6

$$\hat{u}(t) = \frac{c(u)^T \hat{y}}{\|G(u)(t)^T \hat{y}\|_2} G(u)(t)^T \hat{y} \quad \text{für alle} \quad t = 0, \ldots, N-1 .$$

Zur Lösung der Gleichungen (2.57) verwenden wir das gleiche Iterationsverfahren wie in Abschnitt 2.1.6 zur Lösung von (2.34). Wir konstruieren wiederum, beginnend mit

$u^0(t) = \theta_m$ für alle $t \in I\!N_0$, eine Folge von Funktionen $u^k : I\!N_0 \to I\!R^m$, $k \in I\!N_0$, folgendermaßen: Ist $u^k : I\!N_0 \to I\!R^m$ bekannt, so definieren wir

$$c_i(u^k) = \hat{x}_i - x_{0i} - \sum_{t=0}^{N-1} g_{i0}(x(u^k)(t))$$

und

$$G_i(u^k)(t) = (g_{i1}(x(u^k)(t)), \ldots, g_{im}(x(u^k)(t)))^T , \quad t = 0, \ldots, N-1 ,$$

für $i = 1, \ldots, n$ und bestimmen ein $y^{k+1} \in I\!R^n$ mit

$$c(u^k)^T y^{k+1} = M(u^k)$$

mit $M(u^k)$ nach (2.60).
Ist $M(u^k) = 0$, so bricht das Verfahren ab.
Ist $M(u^k) > 0$, so machen wir die Annahme. Für jedes $y \in I\!R^n$ mit $y \neq \theta_m$ sei

$$G(u^k)(t)^T y \neq \theta_m \quad \text{für alle} \quad t = 0, \ldots, N-1 \tag{2.63}$$

und setzen

$$u^{k+1}(t) = \frac{c(u^k)^T y^{k+1}}{\|G(u^k(t)^T y^{k+1}\|_2} \, G(u^k)(t)^T y^{k+1}$$

$$\text{für} \quad t = 0, \ldots, N-1 \quad \text{und} \quad u^{k+1}(t) = \theta_m \quad \text{für} \quad t \geq N .$$

Auf Grund der obigen Betrachtungen folgt dann

$$\sum_{t=0}^{N-1} G_i(u^k)(t)^T u^{k+1}(t) = c_i(u^k) \quad \text{für} \quad i = 1, \ldots, n . \tag{2.64}$$

Wir nehmen an, es sei $M(u^k) > 0$ und die Annahme (2.63) sei erfüllt für alle $k \in I\!N_0$. Weiterhin nehmen wir an, es sei

$$g_{i0} \quad \text{und} \quad g_{ij} \in C(I\!R^n) \quad \text{für} \quad i = 1, \ldots, n \quad \text{und} \quad j = 1, \ldots, m .$$

Gibt es dann eine Funktion $u : I\!N_0 \to I\!R^m$ mit

$$u(t) = \lim_{k \to \infty} u^k(t) \quad \text{für alle} \quad t \in I\!N_0 ,$$

so folgt

$$G_i(u)(t) = \lim_{k \to \infty} G_i(u^k)(t) \quad \text{für alle} \quad t = 0, \ldots, N-1$$
$$\text{und} \quad c_i(u) = \lim_{k \to \infty} c_i(u^k) \quad \text{für} \quad i = 1, \ldots, n .$$

Aus (2.64) ergibt sich weiter, daß $u : I\!N_0 \to I\!R^m$ die Gleichungen (2.57) erfüllt.

3 Dynamische Spiele

3.1 Der Zeit-kontinuierliche Fall

3.1.1 Das Problem der Steuerbarkeit

Wie in Abschnitt 2.1.1 gehen wir aus von einem System von Differentialgleichungen der Form

$$\dot{x}_i(t) = f_i(x(t), u(t)) , \quad t \in I\!R , \quad \text{für} \quad i = 1, \dots, n , \tag{3.1}$$

wobei gilt $x(t) = (x_1(t), \dots, x_n(t)) \in \prod_{i=1}^{n} I\!R^{n_i}$, $(u_1(t), \dots, u_n(t)) \in \prod_{i=1}^{n} I\!R^{m_i}$ für $t \in I\!R$

und $f_i : \prod_{j=1}^{n} I\!R^{n_j} \times \prod_{j=1}^{n} I\!R^{m_j} \to I\!R^{n_i}$ für $i = 1, \dots, n$ mit $f_i \in C(\prod_{j=1}^{n} I\!R^{n_j} \times \prod_{j=1}^{n} I\!R^{m_j}, I\!R^{n_i})$

und $f_i(\cdot, u) \in C^1(\prod_{j=1}^{n} I\!R^{n_j}, I\!R^{n_i})$ für jedes $u \in \prod_{j=1}^{n} I\!R^{m_j}$ vorgegebene Funktionen sind.

Annahme 1: Für jede Funktion $u \in L^\infty(I\!R, \prod_{i=1}^{n} I\!R^{m_i})$ und jeden Vektor $x_0 \in \prod_{i=1}^{n} I\!R^{n_i}$ gibt es genau eine absolut stetige Funktion $x : I\!R \to \prod_{i=1}^{n} I\!R^{n_i}$, die (3.1) für fast alle $t \in I\!R$ erfüllt und der Anfangsbedingung

$$x(0) = x_0 \tag{3.2}$$

genügt.

Wir denken uns die $u_i \in L^\infty(I\!R, I\!R^{m_i})$ für $i = 1, \dots, n$ als Steuerungsfunktionen, mit denen n Spieler jeweils versuchen, die durch (3.1) definierte Dynamik zu beeinflussen, um die Zustände $x_i : I\!R \to I\!R^{n_i}$ zu steuern, so daß damit gewisse Ziele erreicht werden. Die Steuerungen sind dabei noch Nebenbedingungen der Form

$$u_i(t) \in U_i \quad \text{für fast alle} \quad t \in I\!R \quad \text{und} \quad i = 1, \dots, n \tag{3.3}$$

unterworfen, wobei $U_i \subseteq I\!R^{m_i}$ für $i = 1, \dots, n$ vorgegebene Mengen sind mit

$$\theta_{m_i} = (\text{Nullvektor in } I\!R^{m_i}) \in U_i . \tag{3.4}$$

Auch für die Zustände geben wir uns Nebenbedingungen der Form

$$x_i(t) \in X_i \quad \text{für alle} \quad t \in I\!R \quad \text{und} \quad i = 1, \dots, n \tag{3.5}$$

vor, wobei $X_i \subseteq I\!\!R^{n_i}$ für $i = 1, \ldots, n$ vorgegebene nichtleere Mengen sind.

Das System

$$\dot{x}_i(t) = f_i(x(t), \theta) , \quad t \in I\!\!R, \quad \text{für} \quad i = 1, \ldots, n \tag{3.6}$$

mit $\theta = (\theta_{m_1}, \ldots, \theta_{m_n})$ nennen wir ungesteuert.

Annahme 2: Das System

$$f_i(\hat{x}_1, \ldots, \hat{x}_n, \theta_{m_1}, \ldots, \theta_{m_n}) = \theta_{n_i} \quad \text{für} \quad i = 1, \ldots, n \tag{3.7}$$

besitze Lösungen $\hat{x}_i \in X_i$ für $i = 1, \ldots, n$.

Problem der Steuerbarkeit: Vorgegeben seien Vektoren $x_{0i} \in X_i$ und Lösungen $\hat{x}_i \in X_i$ von (3.7) für $i = 1, \ldots, n$. Gesucht sind Steuerungsfunktionen $u_i \in L^\infty(I\!\!R, I\!\!R^{m_i})$ für $i = 1, \ldots, n$ mit (3.3) und eine Zeit $T > 0$ derart, daß unter den Bedingungen (3.1), (3.2), (3.5) die Endbedingungen

$$x_i(T) = \hat{x}_i \quad \text{für} \quad i = 1, \ldots, n \tag{3.8}$$

erfüllt sind.

In Worten: Vorgegeben sei für jeden Spieler ein zulässiger Anfangszustand zum Zeitpunkt $t = 0$. Gesucht ist für jeden Spieler eine Steuerungsfunktion, die den vorgegebenen Anfangszustand auf zulässige Weise (d.h. unter den Bedingungen (3.1) - (3.5)) in einer geeigneten Zeit $T > 0$ in einen Gleichgewichtszustand

$$x_i(t) = \hat{x}_i \quad \text{für} \quad i = 1, \ldots, n$$

des ungesteuerten Systems (3.6) überführt.

Zu vorgegebenem $T > 0$ definieren wir für jede Funktion $u \in L^\infty(I\!\!R, \prod_{i=1}^{n} I\!\!R^{m_i})$ und den i-ten Spieler eine Auszahlung

$$a_i(u) = \|x_i(u)(T) - \hat{x}_i\|_2^2 \quad \text{für} \quad i = 1, \ldots, n , \tag{3.9}$$

wobei $x(u) : I\!\!R \to \prod_{i=1}^{n} I\!\!R^{n_i}$ die (nach Annahme 1) eindeutige absolut stetige Vektorfunktion ist, die (3.1) für fast alle $t \in I\!\!R$ erfüllt und der Anfangsbedingung (3.2) genügt.

Um zu einer Lösung des Problems der Steuerbarkeit zu gelangen, werden die Spieler versuchen, die Funktion $u \in L^\infty(I\!\!R, \prod_{i=1}^{n} I\!\!R^{m_i})$ so auszuwählen, daß dabei für den i-ten Spieler die durch (3.9) definierte Auszahlung $a_i(u)$ so klein wie möglich ausfällt. Er hat dabei aber nur Einfluß auf die Wahl von $u_i \in L^\infty(I\!\!R, I\!\!R^{m_i})$. Mit einer einzigen Funktion $u \in L^\infty(I\!\!R, \prod_{i=1}^{n} I\!\!R^{m_i})$ alle $a_i(u)$ für $i = 1, \ldots, m$ zum Minimum zu machen, wird im allgemeinen unmöglich sein. Die Spieler müssen sich daher auf einen Kompromiß einigen. Hierfür haben sich in der Spieltheorie zwei Konzepte herausgebildet:

(a) Kooperatives Verhalten, das zu einem sog. Pareto-Optimum führt.

(b) Nicht-kooperatives Verhalten, das zu einem sog. Nash-Gleichgewicht führt.

3.1.2   Eine kooperative spieltheoretische Lösung

Für das Folgende nehmen wir an, daß gilt

$$X_i = I\!R^{n_i} \quad \text{für alle} \quad i = 1, \ldots, n \; .$$

Wir denken uns wieder $T > 0$ vorgegeben und betrachten das

Problem: Gesucht ist eine Funktion $u \in L^\infty(I\!R, \prod_{i=1}^{n} I\!R^{m_i})$ mit

$$u_i(t) \in U_i \quad \text{für fast alle} \quad t \in I\!R \quad \text{und} \quad i = 1, \ldots, n \tag{3.3}$$

derart, daß

$$\varphi(u) = \sum_{i=1}^{n} a_i(u) \tag{3.10}$$

mit $a_i(u)$ gemäß (3.9) minimal ausfällt.

Durch dieses Problem wird ausgedrückt, daß die Spieler in dem Sinne kooperieren, daß sie die Summe aller ihrer Auszahlungen versuchen, zum Minimum zu machen. Hierüber gilt nun der

Satz 3.1: Jede Lösung $u^* \in L^\infty(I\!R, \prod_{i=1}^{n} I\!R^{m_i})$ des obigen Problems ist ein sog. Pareto-Optimum, d.h.: Existiert ein $u \in L^\infty(I\!R, \prod_{i=1}^{n} I\!R^{m_i})$ mit (3.3) und

$$a_i(u) \le a_i(u^*) \quad \text{für} \quad i = 1, \ldots, n \; , \tag{3.11}$$

so folgt notwendig

$$a_i(u) = a_i(u^*) \quad \text{für} \quad i = 1, \ldots, n \; . \tag{3.12}$$

Oder kontrapositorisch äquivalent: Für jedes $u \in L^\infty(I\!R, \prod_{i=1}^{n} I\!R^{m_i})$ mit (3.3) gilt: Gibt es ein $i_0 \in \{1, \ldots, n\}$ mit $a_{i_0}(u) < a_{i_0}(u^*)$, so gibt es ein $i_1 \in \{1, \ldots, n\}$ mit $a_{i_1}(u) > a_{i_1}(u^*)$.

Verbal ausgedrückt besagen diese beiden äquivalenten Bedingungen, daß es kein "Strategien-n-tupel" $u = (u_1, \ldots, u_n)$ gibt, bei dem sich ein Spieler gegenüber dem n-tupel $u^* = (u_1^*, \ldots, u_n^*)$ verbessert, ohne daß sich ein anderer verschlechtert.

Beweis: Sei (3.11) für ein $u \in L^\infty(I\!R, \prod_{i=1}^{n} I\!R^{m_i})$ mit (3.3) erfüllt. Dann folgt

$$\varphi(u) \le \varphi(u^*) \Longrightarrow \varphi(u) = \varphi(u^*) \; .$$

Das ist aber nur möglich, wenn (3.12) gilt.

Zur Lösung des obigen Problems bietet sich das folgende Iterationsverfahren an: Zu Beginn wählen wir die Steuerung $u^0 \equiv (\theta_{m_1}, \ldots, \theta_{m_n})^T$ und bestimmen $x^0 : [0, T] \to IR^{n_1 + \cdots + n_n}$ als eindeutige, absolut stetige Lösung von

$$\dot{x}_i^0(t) = f_i(x^0(t), u^0(t)) \ , \quad t \in [0, T] \ , \quad \text{für} \quad i = 1, \ldots, n \tag{3.13$_0$}$$

unter der Anfangsbedingung

$$x^0(0) = x_0 \ , \tag{3.14$_0$}$$

was nach Annahme 1 möglich ist.

Sind für ein $k \in IN_0$ eine Steuerung $u^k \in L^\infty(IR, \prod_{i=1}^{n} IR^{m_i})$ mit (3.3) und die eindeutige, absolut stetige Lösung $x^k : [0, T] \to IR^{n_1 + \cdots + n_n}$ von

$$\dot{x}_i^k(t) = f_i(x^k(t), u^k(t)) \ , \quad t \in [0, T] \ , \quad \text{für} \quad i = 1, \ldots, n \tag{3.13$_k$}$$

mit

$$x^k(0) = x_0 \tag{3.14$_k$}$$

bekannt, so bestimmt man $u^{k+1} \in L^\infty([0, T], \prod_{i=1}^{n} IR^{m_i})$ mit

$$u_i^{k+1}(t) \in U_i \quad \text{für fast alle} \quad t \in [0, T]$$

so, daß für

$$\tilde{x}^{k+1}(u^{k+1})(t) = x_0 + \int_0^t f(x^k(s), u^{k+1}(s)) \, ds \ , \quad t \in [0, T] \ ,$$

der Funktionalwert

$$\varphi_{k+1}(u^{k+1}) = \sum_{i=1}^{n} \|\tilde{x}_i^{k+1}(u^{k+1})(T) - \hat{x}_i\|_2^2$$

minimal ausfällt.
Sodann definiert man

$$u_i^{k+1}(t) = \theta_{m_i} \quad \text{für alle} \quad t \notin [0, T] \quad \text{und} \quad i = 1, \ldots, n$$

und berechnet die eindeutige, absolut stetige Lösung $x^{k+1} : [0, T] \to IR^{n_1 + \cdots + n_n}$ von $(3.13)_{k+1}$, $(3.14)_{k+1}$.

Ein Spezialfall: Wir nehmen an, daß die Funktionen f_i in (3.1) von der Form

$$f_i(x, u) = f_{0i}(x) + \sum_{j=1}^{n} f_{ij}(x) \, u_j \ , \quad x \in \prod_{k=1}^{n} IR^{n_k} \ , \quad u \in \prod_{j=1}^{n} IR^{m_j} \ ,$$

sind für $i = 1, \ldots, n$, wobei gilt

$$f_{0i} \in C(\prod_{k=1}^{n} I\!R^{n_k}, I\!R^{n_i}) \quad \text{und} \quad f_{ij} \in C(\prod_{k=1}^{n} I\!R^{n_k}, I\!R^{n_i \times m_j}) \quad \text{für} \quad i, j = 1, \ldots, n \, .$$

Für ein gegebenes $u \in L^{\infty}(I\!R, \prod_{i=1}^{n}, I\!R^{m_i})$ ist dann die absolut stetige Lösung $x(u) : [0, T] \to$ $I\!R^{n_1 + n_2 + \ldots + n_m}$ von (3.1), (3.2) zugleich auch eine Lösung der Integralgleichung

$$x_i(u)(t) = x_{0i} + \int_0^t f_{0i}(x(u)(s)\,ds$$
$$+ \sum_{j=1}^{n} \int_0^t f_{ij}(x(u)(s))\,u_j(s)\,ds \quad \text{für} \quad j = 1, \ldots, n \, .$$

Definiert man für $T > 0$ und jedes $i = 1, \ldots, n$

$$c_i(u) = \hat{x}_i - x_{0i} - \int_0^T f_{0i}(x(u)(t))\,dt$$

und

$$F_i(x(u)(t)) = (f_{i1}(x(u)(t)), \ldots, f_{in}(x(u)(t))) \, , \quad t \in [0, T] \, ,$$

so ist die Endbedingung

$$x(u)(T) = \hat{x}$$

gleichbedeutend mit

$$\int_0^T F_i(x(u)(t))\,u(t)\,dt = c_i(u) \quad \text{für} \quad i = 1, \ldots, n \, . \tag{3.15}$$

Sei speziell für jedes $i = 1, \ldots, n$

$$U_i = \{u \in I\!R^{m_j} | \ \|u\|_2 \le M_i\} \, ,$$

wobei $M_i > 0$ vorgegeben ist und $\|\cdot\|_2$ die Euklidische Norm in $I\!R^{m_i}$ bezeichnet. Dann lautet das obige Problem: Gesucht ist eine Funktion $u \in L^{\infty}(I\!R, \prod_{i=1}^{n} I\!R^{m_i})$ mit

$$\|u_i(t)\|_2 \le M_i \quad \text{für fast alle} \quad t \in I\!R \quad \text{und alle} \quad i = 1, \ldots, n$$

derart, daß

$$\varphi(u) = \sum_{i=1}^{n} \| \int_0^T F_i(x(u)(t))\,u(t)\,dt - c_i(u)\|_2^2$$

minimal ausfällt.

Dieses Problem lösen wir iterativ wie folgt: Zu Beginn wählen wir eine Steuerung $u \equiv (\theta_{m_1}, \ldots, \theta_{m_n})^T$ und konstruieren eine Folge von Funktionen $u^k \in L^\infty(I\!R, \prod_{i=1}^n I\!R^{m_i})$ folgendermaßen: Ist u^k gegeben, so bestimmen wir $u^{k+1} \in L^\infty([0,T], \prod_{i=1}^n I\!R^{m_i})$ derart, daß gilt

$$\|u_i^{k+1}(t)\|_2 \leq M_i \quad \text{für fast alle } t \in [0,T] \text{ und alle } i = 1,\ldots,n \tag{3.16}$$

und

$$\varphi_{k+1}(u^{k+1}) = \sum_{i=1}^n \| \int_0^T F_i(x(u^k)(t)\, u^{k+1}(t)\, dt - c_i(u^k)\|_2^2 \tag{3.17}$$

minimal ausfällt.
Sodann definieren wir

$$u_i^{k+1}(t) = \theta_{m_i} \quad \text{für alle } t \notin [0,T] \text{ und } i = 1,\ldots,n \,.$$

Setzt man für $i,j = 1,\ldots,n$

$$f_{ij}(x(u^k)(t)) = \begin{pmatrix} a_{11}^{ij}(u^k)(t) & \cdots & a_{1m_j}^{ij}(u^k)(t) \\ \vdots & & \vdots \\ a_{n_i1}^{ij}(u^k)(t) & \cdots & a_{n_im_j}^{ij}(u^k)(t) \end{pmatrix},$$

so erhält man

$$\begin{aligned} \varphi_{k+1}(u^{k+1}) &= \sum_{i=1}^n \sum_{\ell=1}^{n_i} ((\int_0^T \sum_{j=1}^n f_{ij}(x(u^k)(t)\, u_j^{k+1}(t)\, dt)_\ell - c_{i\ell}(u^k))^2 \\ &= \sum_{i=1}^n \sum_{\ell=1}^{n_i} (\int_0^T \sum_{j=1}^n \sum_{r=1}^{m_j} a_{\ell r}^{ij}(u^k)(t)\, u_{jr}^{k+1}(t)\, dt - c_{i\ell}(u^k))^2 \,. \end{aligned} \tag{3.17'}$$

Die Nebenbedingungen (3.16) sind äquivalent zu

$$\sum_{r=1}^{m_i} u_{ir}^{k+1}(t)^2 \leq M_i^2 \quad \text{für fast alle } t \in [0,T] \text{ und alle } i = 1,\ldots,n \,. \tag{3.16'}$$

3.1.3 Eine nicht-kooperative spieltheoretische Lösung

Wir machen wieder die Annahme $X_i = I\!R^{n_i}$ für $i = 1,\ldots,n$ und wählen

$$U_i = \{u \in I\!R^{m_i} |\ \|u\|_2 \leq M_i\} \quad \text{für} \quad i = 1,\ldots,n \,.$$

Wir nehmen an, daß die Spieler nicht kooperieren und jeder versucht, seine Auszahlungsfunktion $a_i = a_i(u)$ gemäß (3.9) zu minimieren. Das ist aber im allgemeinen nicht simultan möglich. Als Kompromißlösung wird daher ein sog. Nash-Gleichgewicht

$$\hat{u} \in L^\infty(I\!R, \prod_{j=1}^n I\!R^{m_j}) \quad \text{mit} \quad \|\hat{u}_i(t)\|_2 \leq M_i \quad \text{für fast alle} \quad t \in [0,T]$$

und alle $i = 1, \ldots, n$ angestrebt, für das gilt

$$a_i(\hat{u}) \leq a_i(\hat{u}_1 \ldots \hat{u}_{i-1}, u_i, \hat{u}_{i+1}, \ldots, \hat{u}_n) \tag{3.18}$$

für alle $u_i \in L^\infty(I\!R, I\!R^{m_i})$ mit $\|u_i(t)\|_2 \leq M_i$ für fast alle $t \in [0, T]$ und $i = 1, \ldots, n$. Wir betrachten wieder den Spezialfall

$$f_i(x, u) = f_{0i}(x) + \sum_{j=1}^{n} f_{ij}(x)\, u_j,$$

$$x \in \prod_{k=1}^{n} I\!R^{n_k}, \quad u \in \prod_{j=1}^{n} I\!R^{m_j} \quad \text{für} \quad i = 1, \ldots, n\,,$$

wobei

$$f_{0i} \in C(\prod_{k=1}^{n} I\!R^{n_k}\, I\!R^{n_i}) \quad \text{und} \quad f_{ij} \in C(\prod_{k=1}^{n} I\!R^{n_k}, I\!R^{n_i \times m_j})$$
$$\text{für} \quad i, j = 1, \ldots, n\,.$$

Für jedes $u \in L^\infty(I\!R, \prod_{j=1}^{n} I\!R^{m_j})$ ergibt sich dann

$$a_i(u) = \|\int_0^T \sum_{j=1}^{n} f_{ij}(x(u)(t))\, u_j(t)\, dt - c_i(u)\|_2^2 \quad \text{für} \quad i = 1, \ldots, n\,,$$

wobei

$$x_i(u)(t) = x_{0i} + \int_0^t f_{0i}(x(u)(s))\, ds + \sum_{j=1}^{n} \int_0^t f_{ij}(x(u)(t))\, u_j(s)\, ds$$

und

$$c_i(u) = \hat{x}_i - x_{0i} - \int_0^T f_{0i}(x(u)(t))\, dt \quad \text{für} \quad i = 1, \ldots, n\,.$$

Zur Bestimmung eines Nash-Gleichgewichts wollen wir iterativ vorgehen und definieren zu dem Zweck für jedes feste $v \in L^\infty(I\!R, \prod_{j=1}^{n} I\!R^{m_j})$ und jedes $i = 1, \ldots, n$ die Funktion

$$a_i(v, u) = \|\int_0^T \sum_{j=1}^{n} f_{ij}(x(v)(t))\, u_j(t)\, dt - c_i(v)\|_2^2\,, \quad u \in L^\infty(I\!R, \prod_{i=1}^{n} I\!R^{n_i})\,.$$

Nun sei $u^* \in L^\infty(I\!R, \prod_{i=1}^{n} I\!R^{n_i})$ mit

$$\|u_i^*(t)\|_2 \leq M_i \quad \text{für fast alle} \quad t \in [0, T] \quad \text{und alle} \quad i = 1, \ldots, n$$

vorgegeben. Dann ist für jedes $i = 1, \ldots, n$ die Funktion

$$u_i \to a_i(v, u_1^*, \ldots, u_{i-1}^*, u_i, u_{i+1}, \ldots, u_n^*)$$

von $L^\infty(I\!\!R, I\!\!R^{m_i})$ in $I\!\!R_+$ konvex.
Definiert man für jedes i = 1, ..., n

$$c_i(v, u^*) = \sum_{\substack{j=1 \\ j \neq i}}^n \int_0^T f_{ij}(x(v)(t))\, u_j^*(t)\, dt - c_i(v) \ ,$$

so erhält man

$$a_i(v, u_1^*, \ldots, u_{i-1}^*, u_i, u_{i+1}^*, \ldots, u_n^*) = \| \int_0^T f_{ii}(x(v)(t))\, u_i(t)\, dt + c_i(v, u^*)\|_2^2$$

$$\text{für} \quad u_i \in L^\infty(I\!\!R, I\!\!R^{m_i}) \ .$$

Definiert man für jedes $i = 1, \ldots, n$ die lineare Abbildung $F_i : L^\infty([0,T], I\!\!R^{m_i}) \to I\!\!R^{n_i}$ vermöge

$$F_i(u_i) = \int_0^T f_{ii}(x(v)(t))\, u_i(t)\, dt \ , \quad u_i \in L^\infty([0,T], I\!\!R^{n_i}) \ ,$$

so folgt wie in einer analogen Situation in Abschnitt 2.1.5, daß die (konvexe) Menge

$$F_i(U_T^i) = \{F_i(u_i)|\ u_i \in U_T^i\} \subseteq I\!\!R^{n_i}$$

mit

$$U_T^i = \{u_i \in L^\infty([0,T], I\!\!R^{m_i})|\ \|u_i(t)\|_2 \leq M_i \ \text{ für fast alle } t \in [0,T]\}$$

abgeschlossen ist.

Nach einem bekannten Satz aus der Approximationstheorie gibt es daher genau einen Vektor $F_i(\hat{u}) \in F_i(U_T^i)$ mit

$$\|F_i(\hat{u}_i) + c_i(v, u^*)\|_2 \leq \|F_i(u_i) + c_i(v, u^*)\|_2 \quad \text{für alle} \quad u_i \in U_T^i \ , \qquad (3.19)$$

und $F_i(\hat{u}_i)$ ist im Falle $F_i(\hat{u}_i) + c_i(v, u^*) \neq \theta_{n_i}$ charakterisiert durch

$$(F_i(\hat{u}_i) + c_i(v, u^*))^T (F_i(\hat{u}_i) - F_i(u_i)) \leq 0 \quad \text{für alle} \quad u_i \in U_T^i \ . \qquad (3.20)$$

Annahme 3: Für jede Funktion $v \in L^\infty(I\!\!R, \prod_{i=1}^n I\!\!R^{m_i})$ und jeden Vektor $y \in I\!\!R^{n_i}$ mit $y \neq \theta_{n_i}$ für $i = 1, \ldots, n$ sei

$$y^T f_{ii}(x(v)(t)) \neq \theta_{m_i}^T \quad \text{für fast alle} \quad t \in [0,T] \ .$$

Setzt man

$$\hat{y}_i = -(F_i(\hat{u}_i) + c_i(v, u^*)) \ , \quad i = 1, \ldots, n \ ,$$

so gilt im Falle $\hat{y}_i \neq \theta_{n_i}$ der folgende

Satz 3.2: Die Bedingung (3.20) ist gleichbedeutend mit

$$\hat{y}_i^T \, f_{ii}(x(v)(t)) \, \hat{u}_i(t) = \max_{u \in U_i} \hat{y}_i^T \, f_{ii}(x(v)(t)) \, u \quad \text{für fast alle} \quad t \in [0, T] \, . \qquad (3.21)$$

Beweis:

(a) Die Bedingung (3.21) sei erfüllt. Dann folgt für jedes $u_i \in U_T^i$

$$\hat{y}_i^T \, f_{ii}(x(v)(t)) \, \hat{u}_i(t) \geq \hat{y}_i^T \, f_{ii}(x(v)(t)) \, u_i(t) \quad \text{für fast alle} \quad t \in [0, T] \, .$$

Daraus folgt durch Integration

$$\hat{y}_i^T \, F_i(\hat{u}_i) \geq \hat{y}_i^T \, F_i(u_i) \quad \text{für alle} \quad u_i \in U_T^i \, ,$$

was mit (3.20) gleichwertig ist.

(b) Die Bedingung (3.21) sei verletzt, d.h. es sei

$$\hat{y}_i^T \, f_{ii}(x(v)(t)) \, \hat{u}_i(t) < \max_{u \in U_i} \hat{y}^T \, f_{ii}(x(v)(t)) \, u$$

für alle t aus einer Menge $M \subseteq [0, T]$ mit positivem Maß. Definiert man

$$\eta_i(t) = f_{ii}(x(v)(t))^T \, \hat{y}_i \quad \text{für alle} \quad t \in [0, T] \, , \qquad (3.22)$$

so bedeutet das

$$\eta_i(t)^T \, \hat{u}_i(t) < \max_{u \in U_i} \eta(t)^T \, u = \|\eta(t)\|_2 \, M_i \quad \text{für fast alle} \quad t \in M \, .$$

Definiert man

$$u_i^*(t) = \begin{cases} \hat{u}_i(t) & \text{für alle} \quad t \notin M \, , \\[2mm] \dfrac{M_i}{\|\eta_i(t)\|_2} \, \eta_i(t) & \text{für fast alle} \quad t \in M \, , \end{cases}$$

so folgt $u_i^* \in U_T^i$ und

$$\int_0^T \eta_i(t)^T \, u_i^*(t) \, dt \;=\; M_i \int_M \|\eta_i(t)\|_2 \, dt + \int_{\complement M} \eta_i(t)^T \, u_i(t) \, dt$$

$$(\complement M = \text{Komplement von } M)$$

$$>\; \int_M \eta_i(t)^T \, \hat{u}_i(t) \, dt + \int_{\complement M} \eta_i(t)^T \, \hat{u}_i(t) \, dt = \int_0^T \eta_i(T) \, \hat{u}_i(t) \, dt \, ,$$

d.h. die Bedingung (3.20) ist verletzt. Damit ist der Beweis beendet.

Unter der obigen Annahme 3 ergibt sich im Falle $\hat{y}_i \neq \theta_{n_i}$ mit der Definition (3.22), daß die Bedingung (3.21) gleichwertig ist mit

$$\hat{u}_i(t) = \frac{M_i}{\|\eta_i(t)\|_2}\,\eta_i(t) \quad \text{für fast alle} \quad t \in [0,T]\,.$$

Zusammenfassend erhalten wir den

Satz 3.3: Unter der Annahme 3 gibt es im Falle

$$\inf_{u_i \in U_T^i} \|F_i(u_i) + c_i(v,u^*)\|_2 > 0 \tag{3.23}$$

genau ein $\hat{u}_i \in U_T^*$ mit

$$a_i(v, u_1^*, \ldots, u_{i-1}^*, \hat{u}_i, u_{i+1}^*, \ldots, u_n^*)$$
$$\leq a_i(v, u_i^*, \ldots, u_{i-1}^*, u_i, u_{i+1}^*, \ldots, u_n^*) \quad \text{für alle} \quad u_i \in U_T^i\,, \tag{3.24}$$

welches gegeben ist durch

$$\hat{u}_i(t) = \frac{-M_i}{\|f_{ii}(x(v)(t))^T(F_i(\hat{u}_i)+c_i(v),u^*)\|_2}\, f_{ii}(x(v)(t))^T(F_i(\hat{u}_i) + c_i(v,u^*))$$
$$\text{für fast alle} \quad t \in [0,T]\,,$$

wobei $F_i(\hat{u}_i) \in F_i(U_T^i)$ der einzige Vektor ist, der das Approximationsproblem (3.19) löst. Für jedes $i = 1,\ldots,n$ und jede Funktion $u^* \in \prod\limits_{i=1}^{n} U_T^i$ definieren wir nun im Falle (3.23)

$$T_i^v u^* = (u_1^*, \ldots, u_{i-1}^*, \hat{u}_i, u_{i+1}^*, \ldots, u_n^*)\,,$$

wobei $\hat{u}_i \in U_T^i$ die einzige Funktion ist, für die (3.24) gilt. Ist (3.23) nicht erfüllt, so gibt es ein $\hat{u}_i \in U_T^i$ mit $F_i(\hat{u}_i) = -c_i(v,u^*)$, und dieses ist eindeutig bestimmt, wenn man es so wählt, daß

$$\|\hat{u}_i\|_{\infty,T} = \operatorname*{ess\,sup}_{t \in [0,T]} \|\hat{u}_i(t)\|_2$$

minimal ist. Für dieses eindeutig bestimmte $\hat{u}_i \in U_T^i$ ist ebenfalls (3.24) erfüllt. Insgesamt erhält man also eine Abbildung

$$T_i^v : \prod_{j=1}^{n} U_T^j \to \prod_{j=1}^{n} U_T^j\,.$$

Definiert man dann eine Abbildung $T^v : \prod\limits_{j=1}^{n} U_T^j \to \prod\limits_{j=1}^{n} U_T^j$ vermöge $T^v = T_n^v \circ \ldots \circ T_1^v$,

so ist $\hat{u} \in \prod\limits_{i=1}^{n} U_T^i$ genau dann ein Fixpunkt von T^v, d.h. es gilt $T^v \hat{u} = \hat{u}$, wenn für jedes $i = 1,\ldots,n$ gilt

$$a_i(v,\hat{u}) \leq a_i(v,\hat{u}_1,\ldots,\hat{u}_{i-1},u_i,\hat{u}_{i+1},\ldots,\hat{u}_n) \quad \text{für alle} \quad u_i \in U_T^i\,,$$

d.h. wenn $\hat{u}$ genau ein Nash-Gleichgewicht ist in Bezug auf die Funktionen $u \to a_i(v, u)$, $u \in \prod\limits_{j=1}^{n} U_T^j$.

Für die Berechnung eines solchen Nash-Gleichgewichtes bietet sich folgendes Iterationsverfahren an: Ausgehend von einem $u^\circ \in \prod\limits_{i=1}^{n} U_T^i$ (etwa $u^\circ \equiv (\theta_{m_1}, \ldots, \theta_{m_n})$) wird rekursiv eine Folge $(u^k)_{k \in I\!N_0}$ in $\prod\limits_{i=1}^{n} U_T^i$ definiert vermöge

$$u^{k+1} = T^v u^k \quad \text{für} \quad k \in I\!N_0 \ . \tag{3.25}$$

Nun sei $(u^k)_{k \in I\!N}$ eine Folge in $\prod\limits_{j=1}^{n} U_T^j$ und $u^* \in \prod\limits_{j=1}^{n} U_T^j$ derart, daß gilt $u^k \overset{*}{\rightharpoonup} u^*$, d.h.

$$\lim_{k \to \infty} \int_0^T \sum_{j=1}^{n} w_j(t)\, u_j^k(t)\, dt = \int_0^T \sum_{j=1}^{n} w_j(t)\, u_j^*(t)\, dt$$

$$\text{für alle} \quad w_j \in L^1([0,T], I\!R^{m_j}) \quad \text{und} \quad j = 1, \ldots, n \ .$$

Dann folgt

$$\lim_{k \to \infty} \left\| \int_0^T \sum_{j=1}^{n} f_{ij}(x(v)(t))\, u_j^k(t)\, dt - c_i(v) \right\|_2^2$$

$$= \left\| \int_0^T \sum_{j=1}^{n} f_{ij}(x(v)(t))\, u_j^*(t)\, dt - c_i(v) \right\|_2^2 \ ,$$

d.h.,

$$\lim_{k \to \infty} a_i(v, u_1^k, \ldots u_n^k) = a_i(v, u_1^*, \ldots, u_n^*) \quad \text{für alle} \quad i = 1, \ldots, n \ .$$

Nun wählen wir $i \in \{1, \ldots, n\}$ beliebig fest. Dann gibt es eine Teilfolge $(u^{k_\ell})_{\ell \in I\!N}$ mit

$$(T_i^v u^{k_\ell})_i \overset{*}{\rightharpoonup} \tilde{u}_i \quad \text{für ein} \quad \tilde{u}_i \in U_T^i \ .$$

Daraus folgt wegen

$$a_i(v, u_1^{k_\ell}, \ldots, u_{i-1}^{k_\ell}, (T_i^v u^{k_\ell})_i, u_{i+1}^{k_\ell}, \ldots, u_n^{k_\ell})$$

$$\leq a_i(v, u_1^{k_\ell}, \ldots, u_{i-1}^{k_\ell}, u_i, u_{i+1}^{k_\ell}, \ldots, u_n^{k_\ell}) \quad \text{für alle} \quad u_i \in U_T^i$$

und

$$\lim_{\ell \to \infty} a_i(v, u_1^{k_\ell}, \ldots, u_{i-1}^{k_\ell}, (T_i^v u^{k_\ell})_i, u_{i+1}^{k_\ell}, \ldots, u_n^{k_\ell})$$

$$= a_i(v, u_1^*, \ldots, u_{i-1}^*, \tilde{u}_i, u_{i+1}^*, \ldots, u_n^*)$$

sowie

$$\lim_{\ell \to \infty} a_i(v, u_1^{k_\ell}, \ldots, u_{i-1}^{k_\ell}, u_i, u_{i+1}^{k_\ell}, \ldots, u_n^{k_\ell})$$

$$= a_i(v, u_1^*, \ldots, u_{i-1}^*, u_i, u_{i+1}^*, \ldots, u_n^*) \ ,$$

daß gilt

$$a_i(v, u_1^*, \ldots, u_{i-1}^*, u_i, u_{i+1}^*, \ldots, u_n^*)$$

$$\leq a_i(v, u_1^*, \ldots, u_{i-1}^*, u_i, u_{i+1}^*, u_n^*) \quad \text{für alle} \quad u_i \in U_T^i .$$

Daraus ergibt sich $\tilde{u}_i = (T_i^v u^*)_i$.

Auf die gleiche Weise zeigt man, daß zu jeder Teilfolge $(u^{k_\ell})_{\ell \in N}$ der Folge $(u^k)_{k \in N}$ eine Teilfolge $(u^{k_{\ell_m}})_{m \in N}$ existiert mit

$$\lim_{m \to \infty} (T_i^v u^{k_{\ell_m}})_i = (T_i^v u^*)_i ,$$

woraus

$$\lim_{k \to \infty} (T_i^v u^k)_i = (T_i^v u^*)_i$$

folgt. Damit ist jede Abbildung $T_i^v : \prod_{j=1}^n u_T^j \to \prod_{j=1}^n u_T^j$ stetig und daher auch $T^v = T_n^v \circ T_{n-1}^v \circ \ldots \circ T_1^v$.

Annahme: Für die Folge $(u^k)_{k \in N}$, die durch (3.25) definiert wird, gelte $u^k \xrightarrow{*} u^*$ für ein $u^* \in \prod_{j=1}^n U_T^j$.

Dann folgt $u^* = T^v u^*$, d.h. u^* ist ein Nash-Gleichgewicht in Bezug auf die Funktionen $u \to a_i(v, u)$, $u \in \prod_{j=1}^n U_T^j$, für $i = 1, \ldots, n$.

Um nun ein Nash-Gleichgewicht $\hat{u} \in \prod_{j=1}^n U_T^j$ in Bezug auf die Funktionen $u \to a_i(u)$, $u \in \prod_{j=1}^n U_T^j$, d.h. eine Lösung von (3.18), zu berechnen, gehen wir iterativ wie folgt vor: Ausgehend von einem $u^\circ \in \prod_{j=1}^n U_T^j$ berechnen wir mit Hilfe des oben beschriebenen Iterationesverfahrens ein $u^1 \in \prod_{j=1}^n U_T^j$ mit $u^1 = T^{u^\circ} u^1$. Allgemein: Ist ein $u^k \in \prod_{j=1}^n U_T^j$ vorgegeben, so bestimmen wir $u^{k+1} \in \prod_{j=1}^n U_T^j$ so, daß gilt

$$u^{k+1} = T^{u^k} u^{k+1} .$$

3.2 Der Zeit-diskrete Fall

3.2.1 Das Problem der Steuerbarkeit

Vorgegeben sei ein gesteuertes dynamisches System, dessen Dynamik beschrieben wird durch Differenzengleichungen der Form

$$x_i(t+1) = x_i(t) + f_i(x(t), u(t)) \tag{3.26}$$

$$\text{für} \quad i = 1, \ldots, n \quad \text{und} \quad t \in I\!N_0 .$$

Dabei sind $x_i : I\!N_0 \to I\!R^{n_i}$ bzw. $u_i : I\!N_0 \to I\!R^{m_i}$ für $i = 1, \ldots, n$ Zustands- bzw. Steuerungsvektorfunktionen, zusammengesetzt zu

$$x(t) = (x_1(t), \ldots, x_n(t)) \ , \ u(t) = (u_1(t), \ldots, u_n(t)) \quad \text{für} \quad t \in I\!N_0 \ ,$$

und

$$f_i : \prod_{j=1}^{n} I\!R^{n_j} \times \prod_{j=1}^{n} I\!R^{m_j} \to I\!R^{n_i} \quad \text{für} \quad i = 1, \ldots, n$$

vorgegebene Vektorfunktionen.

Weiter seien für jedes $i = 1, \ldots, n$ nichtleere Mengen $X_i \subseteq I\!R^{n_i}$ und $U_i \subseteq I\!R^{m_i}$ vorgegeben. Dann fordern wir Steuerungsnebenbedingungen der Form

$$u_i(t) \in U_i \quad \text{für alle} \quad i = 1, \ldots, n \quad \text{und} \quad t \in I\!N_0 \tag{3.27}$$

und Zustandsnebenbedingungen der Form

$$x_i(t) \in X_i \quad \text{für alle} \quad i = 1, \ldots, n \quad \text{und} \quad t \in I\!N_0 \ . \tag{3.28}$$

Schließlich seien noch Anfangsbedingungen der Form

$$x_i(0) = x_{0i} \quad \text{für} \quad i = 1, \ldots, n \tag{3.29}$$

vorgegeben, wobei $x_{0i} \in X_i$ für $i = 1, \ldots, n$ ebenfalls vorgegeben sind.

Wählt man n Steuerungsfunktionen $u_i : I\!N_0 \to U_i$ für $i = 1, \ldots, n$, so sind dadurch n Zustandsfunktionen $x_i : I\!N_0 \to I\!R^{n_i}$ für $i = 1, \ldots, n$ die (3.26) und (3.29) erfüllen, eindeutig festgelegt.

Wir machen nun die folgenden

Annahmen:

1. Es ist $\theta_{m_i} \in U_i$ für alle $i = 1, \ldots, n$.

2. Das System

$$f_i(\hat{x}_1, \ldots, \hat{x}_n, \theta_{m_1} \ldots, \theta_{m_n}) = \theta_{n_i} \quad \text{für} \quad i = 1, \ldots, n \tag{3.30}$$

besitze Lösungen $\hat{x}_i \in X_i$ für $i = 1, \ldots, n$.

Problem der Steuerbarkeit: Vorgegeben seien Lösungen $\hat{x}_i \in X_i$ für $i = 1, \ldots, n$ von (3.30). Gesucht sind Steuerungsfunktionen $u_i : I\!N_0 \to I\!R^{m_i}$ für $i = 1, \ldots, n$ und ein $N \in I\!N$ derart, daß unter den Bedingungen (3.26) - (3.29) gilt

$$u_i(t) = \theta_{m_i} \quad \text{und} \quad x_i(t) = \hat{x}_i$$
$$\text{für alle} \quad i = 1, \ldots, n \quad \text{und} \quad t \geq N \ . \tag{3.31}$$

3.2.2   Eine schrittweise, kooperative, spieltheoretische Lösung

Wir denken uns für ein $t \in I\!N_0$ Vektoren

$$x_i(t) \in X_i \quad \text{für} \quad i = 1,\ldots,n$$

vorgegeben. Für $t = 0$ wählen wir

$$x_i(0) = x_{0i} \quad \text{für} \quad i = 1,\ldots,n \; .$$

Für jeden Vektor $u \in \prod_{j=1}^{n} I\!R^{m_j}$ definieren wir

$$x_i(u)(t+1) = x_i(t) + f_i(x(t),u) \quad \text{für} \quad i = 1,\ldots,n \; ,$$

wobei $x(t) = (x_1(t),\ldots,x_n(t))$, und damit Funktionen

$$a_i^t(u) = \|x_i(u)(t+1) - \hat{x}_i\|_2^2 + \|u_i\|_2^2 \quad \text{für} \quad i = 1,\ldots,n \; , \tag{3.32}$$

wobei $\| \cdot \|_2$ die Euklidische Norm bezeichnet.

Für jedes $i = 1,\ldots,n$ fassen wir die Funktion $a_i^t : \prod_{j=1}^{n} I\!R^{m_j} \to I\!R_+$ als Auszahlungsfunktion an den i-ten Spieler eines Spieles auf, bei dem der i-te Spieler über die Strategiemenge U_i verfügt, mit der er das Spiel zu "steuern" versucht. Dabei sind aber die Spieler an die Menge der zulässigen Steuerungen

$$Z_t = \{u \in \prod_{j=1}^{n} U_j | \; x_i(u)(t+1) \in X_i \; \text{für} \; i = 1,\ldots,n\} \tag{3.33}$$

gebunden.

Jeder Spieler hat für sich das Bestreben, den Wert $a_i^t(u)$ zu minimieren. Dieser Wert hängt aber von allen Steuerungen $u_1,\ldots,u_n$ ab und kann daher nicht von dem i-ten Spieler allein festgelegt werden.

Wir nehmen jetzt an, daß alle Spieler kooperieren und versuchen, die gemeinsame Auszahlungsfunktion

$$\varphi_t(u) = \sum_{i=1}^{n} a_i^t(u) \; , \quad u \in Z_t \; , \tag{3.34}$$

mit $a_i^t(u)$ nach (3.32) zu minimieren. Damit erhalten wir das

Problem: Gesucht ist $u_t \in Z_t$ derart, daß gilt

$$\varphi_t(u_t) \leq \varphi_t(u) \quad \text{für alle} \quad u \in Z_t \; . \tag{3.35}$$

Ist $u_t \in Z_t$ eine Lösung dieses Problems, so ergibt sich die

Fallunterscheidung:

(a) $\varphi_t(u_t) = 0$.

Dann ist notwendig

$$u_{ti} = \theta_{m_i} \quad \text{und} \quad x_i(u_t)(t+1) = \hat{x}_i \quad \text{für} \quad i = 1, \ldots, n \; .$$

Setzt man $N = t + 1$ und definiert Steuerungsfunktionen $u_i : I\!N_0 \to I\!R^{m_i}$ für $i = 1, \ldots, n$ durch

$$u_i(t) = \begin{cases} u_{ti} & \text{für} \quad t = 0, \ldots, N-1 \; , \\ \theta_{m_i} & \text{für} \quad t \geq N \end{cases} \tag{3.36}$$

sowie Zustandsfunktionen $x_i : I\!N_0 \to I\!R^{n_i}$ für $i = 1, \ldots, n$ durch

$$\begin{aligned} x_i(0) &= x_{0i} \; , \\ x_i(t) &= \left\{ \begin{array}{cc} x_i(u_{t-1}(t)) & \text{für} \quad t = 1, \ldots, N-1 \; , \\ \hat{x}_i & \text{für} \quad t \geq N \; , \end{array} \right\} \end{aligned} \tag{3.37}$$

so hat man eine Lösung des Problems der Steuerbarkeit gewonnen.

(b) $\varphi_t(u_t) > 0$.

Dann setzen wir

$$x_i(t+1) = x_i(u_t)(t+1) \quad \text{für} \quad i = 1, \ldots, n$$

und lösen das Problem (3.35) mit $t + 1$ anstelle t.

Ein Ausdruck für die Kooperation der Spieler ist der folgende

Satz 3.4: Jede Lösung $u_t \in Z_t$ des Problems (3.35) ist ein sog. Pareto-Optimum, d.h., für jedes $u \in Z_t$ mit

$$a_i^t(u) \leq a_i^t(u_t) \quad \text{für alle} \quad i = 1, \ldots, n \; ,$$

folgt notwendig

$$a_i^t(u) = a_i^t(u_t) \quad \text{für alle} \quad i = 1, \ldots, n \; .$$

Der Beweis dieses Satzes ist der gleiche wie der von Satz 3.1. Das gleiche gilt für seine inhaltliche Interpretation.

Ein Spezialfall: Wir nehmen an, die Funktionen auf der rechten Seite von (3.26) seien von der Form

$$f_i(x, u) = f_{0i}(x) + \sum_{j=1}^{n} f_{ij}(x)\, u_j \; ,$$

$$x \in \prod_{j=1}^{n} I\!R^{n_j} \; , \quad u \in \prod_{j=1}^{n} I\!R^{m_j} \quad \text{für} \quad i = 1, \ldots, n \; . \tag{3.38}$$

Weiterhin nehmen wir an, die Mengen $U_i \subseteq I\!\!R^{m_i}$ für $i = 1, \ldots, n$ seien konvex und kompakt, und die Mengen $X_i \subseteq I\!\!R^{n_i}$ für $i = 1, \ldots, n$ seien konvex und abgeschlossen.

Dann ist für jedes $t \in I\!\!N_0$ die durch (3.33) definierte Menge Z_t der zulässige Steuerungen konvex und kompakt, falls sie nichtleer ist. Weiter ist die durch (3.34) definierte gemeinsame Auszahlungsfunktion $\varphi_t : \prod_{j=1}^{n} I\!\!R^{m_j} \to I\!\!R_+$ für jedes $t \in I\!\!N_0$ strikt konvex (und somit stetig).

Daraus folgt für jedes $t \in I\!\!N_0$ die Existenz genau eines $u_t \in Z_t$ mit (3.35), falls Z_t nichtleer ist.

Das ist z.B. der Fall, wenn gilt

$$X_i = I\!\!R^{n_i} \quad \text{für} \quad i = 1, \ldots, n \; ; \tag{3.39}$$

denn dann ist $Z_t = \prod_{j=1}^{n} U_j$ für alle $t \in I\!\!N_0$.

Definiert man für jedes $t \in I\!\!N_0$

$$\nabla \varphi_t(u_t) = (\nabla_1 \varphi_t(u_t)^T, \ldots, \nabla_n \varphi_t(u_t)^T)^T \; ,$$

wobei

$$\nabla_s \varphi_t(u_t) = (\frac{\partial \varphi_t}{\partial u_{s1}}(u_t), \ldots, \frac{\partial \varphi_t}{\partial u_{sm_s}}(u_t))^T \quad \text{für} \quad s = 1, \ldots, n$$

und

$$\frac{\partial \varphi_t}{\partial u_{sr}}(u) = 2\{\sum_{i=1}^{n} \sum_{\ell=1}^{n_i} (\sum_{j=1}^{n} \sum_{k=1}^{m_j} a_{\ell k}^{ij}(t)\, u_{jk} + f_{0i\ell}(x(t)) + x_{i\ell}(t) - \hat{x}_{i\ell})\, a_{sr}^{ij}(t) + u_{sr}\}$$

mit

$$a_{\ell k}^{ij}(t) = (f_{ij}(x(t)))_{\ell k} \quad \text{für} \quad \ell = 1, \ldots, n_i \; , \; k = 1, \ldots, m_j \; ,$$

so ist (3.35) gleichbedeutend mit

$$\langle \nabla \varphi_t(u_t), u - u_t \rangle \geq 0 \quad \text{für alle} \quad u \in Z_t \; , \tag{3.40}$$

wobei gilt

$$\langle \nabla \varphi_t(u_t), v \rangle = \sum_{s=1}^{n} \nabla_s \varphi_t(u_t)^T v_s \quad \text{für} \quad v \in \prod_{j=1}^{n} I\!\!R^{m_j} \; .$$

Speziell für

$$U_j = \{u_j \in I\!\!R^{m_j} \mid \|u_j\|_2 \leq M_j\} \; , \; j = 1, \ldots, n \; ,$$

mit vorgegebenen Zahlen $M_j > 0$ erweist sich (3.40) als gleichwertig zu

$$-\sum_{s=1}^{n} \nabla_s \varphi_t(u_t)^T u_{ts} \geq -\sum_{s=1}^{n} M_s \| \nabla_s \varphi_t(u_t)\|_2 \; ,$$

was erfüllt ist, wenn

$$u_{ts} = \left\{ \begin{array}{l} \frac{M_s}{\|\nabla_s \varphi_t(u_t)\|_2} \nabla_s \varphi_t(u_t), \quad \text{falls} \quad \nabla_s \varphi_t(u_t) \neq \theta_{m_s} \; , \\[2ex] \theta_{m_s}, \quad \text{falls} \quad \nabla_s \varphi_t(u_t) = \theta_{m_s} \; , \end{array} \right\} \tag{3.41}$$

ist.

3.2.3   Eine schrittweise, nicht-kooperative, spieltheoretische Lösung

nicht-kooperative, spieltheoretische Lösung

Wir nehmen wieder an, daß die Spieler nicht kooperieren und jeder versucht, seine Auszahlungsfunktion a_i^t gemäß (3.32) zu minimieren. Das ist aber im allgemeinen nicht simultan möglich. Als Kompromißlösung wird daher ein sog. Nash-Gleichgewicht $u_t \in Z_t$ (3.33) angestrebt, für das gilt

$$a_i^t(u_t) \leq a_i^t(u_{t1}, \dots, u_{ti-1}, u_i, u_{ti+1}, \dots, u_{tn})$$

$$\text{(3.42)}$$

$$\text{für alle } (u_{t1}, \dots, u_{ti-1}, u_i, u_{ti+1}, \dots, u_{tn}) \in Z_t \text{ und } i = 1, \dots, n .$$

Fallunterscheidung:

(a) $a_i^t(u_t) = 0$ für alle $i = 1, \dots, n$.

Dann ist notwendig

$$u_{ti} = \theta_{m_i} \quad \text{und} \quad x_i(u_t)(t+1) = \hat{x}_i \quad \text{für} \quad i = 1, \dots, n .$$

Setzt man $N = t + 1$ und definiert Steuerungsfunktionen $u_i : I\!N_0 \to I\!R^{m_i}$ bzw. Zustandsfunktionen $x_i : I\!N_0 \to I\!R^{n_i}$ für $i = 1, \dots, n$ gemäß (3.36) bzw. (3.37), so erhält man eine Lösung des Problems der Steuerbarkeit.

(b) Es gibt ein $i_t \in \{1, \dots, n\}$ mit $a_{i_t}^t(u_t) > 0$.

Dann setzen wir

$$x_i(t+1) = x_i(u_t)(t+1) \quad \text{für} \quad i = 1, \dots, n$$

und bestimmen ein Nash-Gleichgewicht für $t + 1$ anstelle von t.

Um die Existenz von Nash-Gleichgewichten zu garantieren, machen wir die folgenden

Annahmen:

(1) Alle Mengen $U_i \subseteq I\!R^{m_i}$ seien kompakt und konvex, und alle Mengen $X_i \subseteq I\!R^{n_i}$ seien abgeschlossen und konvex für $i = 1, \dots, n$.

(2) Die Menge Z_t (3.33) der zulässigen Steuerungen sei nichtleer.

(3) Alle Funktionen $u \to f_i(x(t), u)$, $u \in \prod_{j=1}^{n} I\!R^{m_i}$, seien affin-linear für $i = 1, \dots, n$, d.h. von der Form (3.38) für $x = x(t)$.

Folgerung 1: Für jedes $u^* \in Z_t$ und jedes $i = 1, \dots, n$ gibt es genau ein

$$T_i u^* = (u_1^*, \dots, u_{i-1}^*, (T_i u^*)_i, u_{i+1}^*, \dots, u_n^*) \in Z_t \tag{3.43}$$

mit

$$a_i^t(T_i u^*) \le a_i^t(u_1^*, \ldots, u_{i-1}^*, u_i, u_{i+1}^*, \ldots, u_n^*)$$

$$\text{für alle } (u_1^*, \ldots, u_{i-1}^*, u_i, u_{i+1}^*, \ldots, u_n^*) \in Z_t \ . \tag{3.44}$$

Beweis: Auf Grund der Annahmen (1) und (2) ist die Menge

$$Z_t^{i*} = \{ u_i \in U_i | \ (u_1^*, \ldots, u_{i-1}^*, u_i, u_{i+1}^*, u_n^*) \in Z_t \} \tag{3.45}$$

kompakt und konvex für jedes $i = 1, \ldots, n$ und die Funktion

$$u_i \to a_i^t(u_1^*, \ldots, u_{i-1}^*, u_i, u_{i+1}^*, \ldots, u_n^*) \ , \quad u_i \in I\!R^{m_i} \ ,$$

strikt konvex, woraus sich die Folgerung 1 ergibt.

Folgerung 2: Die Abbildung $T = T_n \circ T_{n-1} \circ \ldots \circ T_1 : Z_t \to Z_t$ gemäß (3.43), (3.44) für $i = 1, \ldots, n$ ist stetig.

Beweis: Sei $(u^k)_{k \in I\!N}$ eine Folge in Z_t mit $u^k \to u^*$ für ein $u^* \in Z_t$. Dann ist für jedes $k \in I\!N$ und jedes $i = 1, \ldots, n$

$$a_i^t(u_1^k, \ldots, u_{i-1}^k, (T_i u^k)_i, u_{i+1}^k, \ldots, u_n^k)$$

$$\le a_i^t(u_1^k, \ldots, u_{i-1}^k, u_i, u_{i+1}^k, \ldots, u_n^k) \tag{3.46}$$

für alle $u_i \in Z_t^{ik}$ (gemäß (3.45) für u^k anstelle von u^*).
Weiter ist für jedes $i = 1, \ldots, n$

$$a_i^t(u_1^*, \ldots, u_{i-1}^*, (T_i u^*)_i, u_{i+1}^*, \ldots, u_n^*)$$

$$\le \ a_i^t(u_1^*, \ldots, u_{i-1}^*, u_i, u_{i+1}^*, \ldots, u_n^*) \text{ für alle } u_i \in Z_t^{i*} \ .$$

Sei $i \in \{1, \ldots, n\}$ beliebig fest gewählt. Dann gibt es eine Teilfolge $(u^{k_\ell})_{\ell \in I\!N}$ und ein $\tilde{u}_i \in Z_t^{i*}$ mit

$$\lim_{\ell \to \infty} (T_i u^{k_\ell})_i = \tilde{u}_i \ .$$

Aus (3.46) folgt somit

$$a_i^t(u_1^*, \ldots, u_{i-1}^*, \tilde{u}_i, u_{i+1}^*, \ldots, u_n^*)$$

$$\le \ a_i^t(u_1^*, \ldots, u_{i-1}^*, u_i, u_{i+1}^*, \ldots, u_n^*) \text{ für alle } u_i \in Z_t^{i*} \ .$$

Daraus folgt weiter $\tilde{u}_i = (T_i u^*)_i$.

Auf die gleiche Weise zeigt man, daß zu jeder Teilfolge $(u^{k_\ell})_{\ell \in N}$ eine Teilfolge $(u^{k_{\ell m}})_{m \in N}$ existiert mit

$$\lim_{m \to \infty} (T_i u^{k_{\ell m}})_i = (T_i u^*)_i \, ,$$

woraus

$$\lim_{k \to \infty} (T_i u^k)_i = (T_i u^*)_i$$

folgt. Damit ist jedes $T_i : Z_t \to Z_t$ für $i = 1, \ldots, n$ stetig und daher auch $T = T_n \circ T_{n-1} \circ \ldots \circ T_1 : Z_t \to Z_t$.

Da $Z_t \subseteq \prod_{j=1}^{n} I\!R^{m_j}$ konvex und kompakt ist, gibt es nach dem Browerschen Fixpunktsatz einen Fixpunkt $u_t \in Z_t$ von $T : Z_t \to Z_t$. Jeder solche Fixpunkt $u_t \in Z_t$ ist aber ein Nash-Gleichgewicht; denn $T u_t = u_t$ ist mit (3.42) gleichwertig.

Als Ergebnis haben wir also den

Satz 3.5: Unter den obigen Annahmen (1), (2), (3) gibt es ein Nash-Gleichgewicht.

Zur Berechnung eines Nash-Gleichgewichtes bietet sich das folgende Iterationsverfahren an: Beginnend mit einem $u^\circ \in Z_t$ wird rekursiv eine Folge $(u^k)_{k \in N_0}$ in Z_t definiert gemäß

$$u^{k+1} = T u^k \, , \tag{3.47}$$

wobei $T = T_n \circ T_{n-1} \circ \ldots \circ T_1$ ist mit T_i gemäß (3.43), (3.44) für $i = 1, \ldots, n$.
Unter den obigen Annahmen (1), (2) und (3) gilt dann der

Satz 3.6: Konvergiert die durch (3.47) definierte Folge $(u^k)_{k \in N_0}$ gegen ein $u_t \in \prod_{j=1}^{n} I\!R^{m_j}$, so ist $u_t \in Z_t$ und zugleich ein Nash-Gleichgewicht.

Beweis: $u_t \in Z_t$ folgt aus der Abgeschlossenheit von Z_t und $u_t = T u_t$ folgt aus der Stetigkeit von T nach Folgerung 2.

Sind die Annahmen (1), (2) und (3) nicht notwendig erfüllt, so muß man das oben beschriebene Iterationsverfahren zur Berechnung eines Nash-Gleichgewichtes folgendermaßen durchführen: Beginnend mit $k = 0$, $i = 1$ und einem $u^k \in Z_t$ wird ein

$$\hat{u}_i \in Z_t^{ik} = \{ u_i \in U_i |\, (u_1^k, \ldots, u_{i-1}^k, u_i, u_{i+1}^k, \ldots, u_n^k) \in Z_t \}$$

bestimmt mit

$$a_i^t(u_1^k, \ldots, u_{i-1}^k, \hat{u}_i, u_{i+1}^k, \ldots, u_n^k)$$
$$\leq a_i^t(u_1^k, \ldots, u_{i-1}^k, u_i, u_{i+1}^k, \ldots, u_n^k) \text{ für alle } u_i \in Z_t^{ik} \tag{3.48}$$

und

$$u^{k+1} = (u_1^k, \ldots, u_{i-1}^k, \hat{u}_i, u_{i+1}^k, \ldots, u_n^k) \tag{3.49}$$

gesetzt sowie $i := i + 1$ modulo n.
Anstelle von (1), (2), (3) machen wir jetzt die folgenden

Annahmen:

(a) Alle Mengen $U_i \subseteq I\!R^{m_i}$ seien kompakt, und alle Mengen $X_i \subseteq I\!R^{n_i}$ seien abgeschlossen für $i = 1, \ldots, n$.

(b) Sind $u = (u_1, \ldots, u_n) \in Z_t$ und $\tilde{u} = (\tilde{u}_1, \ldots, \tilde{u}_n) \in Z_t$ beliebig vorgegeben, so ist für jedes $i = 1, \ldots, n$ auch

$$(\tilde{u}_1, \ldots, \tilde{u}_{i-1}, u_i, \tilde{u}_{i+1}, \ldots, \tilde{u}_n) \in Z_t \ .$$

(c) Alle Funktionen $u \to f_i(x(t), u)$, $u \in \prod_{j=1}^n I\!R^{m_j}$ seien stetig für $i = 1, \ldots, n$.

Ist Z_t nichtleer, so folgt aus den Annahmen (a) und (c) für jedes $i \in \{1, \ldots, n\}$ und $k \in I\!N_0$ die Existenz eines $\hat{u}_i \in Z_t^{ik}$ mit (3.48).
Weiter gilt unter den Annahmen (a), (b) und (c) der

Satz 3.7: Konvergiert die gemäß (3.48), (3.49) konstruierte Folge $(u^k)_{k \in I\!N}$ in Z_t gegen ein $u_t \in \prod_{j=1}^n I\!R^{m_j}$, so ist $u_t \in Z_t$ und zugleich ein Nash-Gleichgewicht.

Beweis: Aus den Annahmen (a) und (c) folgt, daß Z_t abgeschlossen ist (sogar kompakt). Daraus folgt $u_t \in Z_t$. Wir machen jetzt die Annahme, (3.42) sei verletzt für ein $i \in \{1, \ldots, n\}$. Dann gibt es ein $\hat{u}^i = (u_{t1}, \ldots, u_{ti-1}, \tilde{u}_i, u_{ti+1}, \ldots, u_{tn}) \in Z_t$ mit $a_i^t(\hat{u}^i) < a_i^t(u_t)$. Da $u \to a_i^t(u), u \in \prod_{j=1}^n I\!R^{m_j}$, ebenfalls stetig ist, gilt $a_i^t(u^k) \to a_i^t(u_t)$. Daraus folgt für $\delta = \frac{1}{2}(a_i^t(u_t) - a_i^t(\hat{u}^i))$

$$a_i^t(u^{k+1}) > a_i^t(\hat{u}^i) + \delta \quad \text{für alle} \quad k \geq k_1(\delta) \ .$$

Setzt man für jedes $k \in I\!N$

$$(\hat{u}^k)^i = (u_1^k, \ldots, u_{i-1}^k, \tilde{u}_i, u_{i+1}^k, \ldots, u_n^k) \ ,$$

so folgt

$$\hat{u}^i = \lim_{k \to \infty} (\hat{u}^k)^i$$

und somit

$$a_i^t((\hat{u}^k)^i) < a_i^t(\hat{u}^i) + \delta < a_i^t(u^{k+1}) \quad \text{für alle} \quad k \geq k_2(\delta) \,,$$

ein Widerspruch gegen (3.48), (3.49), da wegen Annahme (b) für jedes $k \in I\!N_0$ mit

$$\hat{u}^i = (u_{t1}, \ldots, u_{ti-1}, \tilde{u}_i, u_{ti+1}, \ldots, u_{tn}) \in Z_t$$

und

$$u^{k+1} = (u_1^k, \ldots, u_{i-1}^k, \hat{u}_i, u_{i+1}^k, \ldots, u_n^k) \in Z_t$$

auch

$$(\hat{u}^k)^i = (u_1^k, \ldots, u_{i-1}^k, \tilde{u}_i, u_{i+1}^k, \ldots, u_n^k)$$

zu Z_t gehrt.

Damit ist die Annahme falsch und Satz 3.7 bewiesen.

3.2.4   Hinreichende Bedingungen für die Lösbarkeit des Problems der Steuerbarkeit

Über die Annahmen 1. und 2. von Abschnitt 3.2.1 hinaus machen wir noch die Annahme, daß $\hat{x} = (\hat{x}_1, \ldots, \hat{x}_n) \in \prod_{i=1}^{n} X_i$ ein lokal attraktiver Gleichgewichtszustand des ungesteuerten Systems

$$x_i(t+1) = x_i(t) + f_i(x(t), \theta) \,, \quad i = 1, \ldots, n \,, \tag{3.50}$$

mit $\theta = (\theta_{m_1}, \ldots, \theta_{m_n})$ ist, d.h. eine Lösung von (3.30) derart, daß für jedes $i = 1, \ldots, n$ eine Umgebung $V(\hat{x}_i) \subseteq I\!R^{n_i}$ von $\hat{x}_i$ existiert, so daß für jedes $x_{0i} \in V(\hat{x}_i)$ und jede Lösung $x = x(t)$ von (3.50) mit

$$x_i(0) = x_{0i} \quad \text{für} \quad i = 1, \ldots, n$$

gilt

$$\lim_{t \to \infty} x_i(t) = \hat{x}_i \quad \text{für} \quad i = 1, \ldots, n \,.$$

Für jedes $N \in I\!N_0$ sei $S(N)$ die Menge aller Anfangszustände $x_0 = (x_{01}, \ldots, x_{0n}) \in \prod_{i=1}^{n} I\!R^{n_i}$ derart, daß Steuerungsfunktionen $u_i : I\!N_0 \to I\!R^{m_i}$ mit (3.27) existieren, so daß für die zugehörigen Lösungen von (3.26), (3.29) gilt

$$x_i(N) = \hat{x}_i \quad \text{für} \quad i = 1, \ldots, n \,.$$

Weiter sei

$$S = \bigcup_{N \in I\!N_0} S(N) \,. \tag{3.51}$$

Offenbar ist $\hat{x} = (\hat{x}_1, \ldots, \hat{x}_n) \in S$.

Satz 3.8: Sei

$$X_i = I\!R^{n_i} \quad \text{für} \quad i = 1, \ldots, n \, , \tag{3.52}$$

und sei $\hat{x} = (\hat{x}_1, \ldots, \hat{x}_n) \in \prod_{j=1}^{n} I\!R^{n_j}$ ein attraktiver Gleichgewichtszustand von (3.50), der innerer Punkt der durch (3.51) definierten Steuerbarkeitsmenge S ist. Dann ist das Problem für jedes $x_0 \in \prod_{j=1}^{n} I\!R^{n_j}$ lösbar.

Beweis: Da $\hat{x}$ innerer Punkt von S ist, gibt es eine Umgebung $V_1(\hat{x})$ mit $V_1(\hat{x}) \subseteq S$. Da $\hat{x}$ ein attraktiver Gleichgewichtszustand von (3.50) ist, gibt es für jedes $x_0 \in \prod_{j=1}^{n} I\!R^{n_j}$ ein $N_1 \in I\!N$ derart, daß für die Lösung $x = x(t)$ von (3.50) mit $x(0) = x_0$ gilt $x(N_1) \in V_1(\hat{x})$. Daraus folgt weiter die Existenz einer Steuerungsfunktion $u^* : I\!N_0 \to \prod_{j=1}^{n} I\!R^{m_j}$ mit

$$u^*(t) \in \prod_{j=1}^{n} U_j \quad \text{für} \quad t \in I\!N_0$$

und einer Zeit $N_2 \in I\!N_0$ derart, daß für die zugehörige Lösung von (3.26) für $u = u^*$ und $x^*(0) = x(N_1)$ gilt $x^*(N_2) = \hat{x}$.

Definiert man eine Steuerungsfunktion $\tilde{u} : I\!N_0 \to \prod_{j=1}^{n} I\!R^{m_j}$ vermöge

$$\tilde{u}(t) = \begin{cases} \theta = (\theta_{m_1}, \ldots, \theta_{m_n}) & \text{für} \quad t = 0, \ldots, N_1 \, , \\ u^*(t - N_1 - 1) & \text{für} \quad t = N_1 + 1, \ldots, N_1 + N_2 + 1 \, , \\ \theta = (\theta_{m_1}, \ldots, \theta_{m_n}) & \text{für} \quad t \geq N_1 + N_2 + 2 \, , \end{cases}$$

so genügt die Lösung von (3.26) für $u = \tilde{u}$ und (3.29) der Bedingung $x(N) = \hat{x}$, wenn man $N = N_1 + N_2 + 2$ setzt.

3.2.5 Ein Approximationsproblem zur näherungsweisen Lösung des Problems der Steuerbarkeit

Wir nehmen wieder an, daß die Bedingung (3.52) erfüllt ist, und geben uns ein $N \in I\!N$ vor.

Problem: Gesucht sind Steuerungsfunktionen $u_i : I\!N_0 \to I\!R^{m_i}$ mit

$$u_i(t) \in U_i \quad \text{für} \quad t = 0, \ldots, N-1 \quad \text{und} \quad i = 1, \ldots, n$$

derart, daß unter den Bedingungen

$$x_i(t+1) = x_i(t) + f_i(x(t), u(t)) , \quad t = 0, \ldots, N-1$$

und

$$x_i(0) = x_{0i}$$

für $i = 1, \ldots, n$ der Funktionswert

$$\varphi_N(u) = \sum_{i=1}^{n} \left(\|x_i(N) - \hat{x}_i\|_2^2 + \|u_i(N-1)\|_2^2 \right)$$

minimal ausfällt.

Besitzt das Problem der Steuerbarkeit eine Lösung, so gibt es ein $N \in I\!N$ derart, daß für jede Lösung des obigen Problems notwendig gilt

$$u_i(N-1) = \theta_{m_i} \quad \text{und} \quad x_i(N) = \hat{x}_i \quad \text{für} \quad i = 1, \ldots, n ,$$

d.h., daß man auch eine Lösung des Problems der Steuerbarkeit erhält, wenn man das obige Problem löst.

Dieses geschieht iterativ folgendermaßen:

Wir wählen

$$u_i^0(t) = \theta_{m_i} \quad \text{für} \quad t = 0, \ldots, N-1 \quad \text{und} \quad i = 1, \ldots, n$$

und berechnen

$$x_i^0(t+1) = x_i^0(t) + f_i(x^0(t), \theta) \quad \text{für} \quad t = 0, \ldots, N-1 ,$$

wobei

$$x_i^0(0) = x_{0i} \quad \text{für} \quad i = 1, \ldots, n .$$

Damit konstruieren wir eine Folge $(u^k)_{k \in N_0}$ in $\{u : \{0, \ldots, N-1\} \to \prod_{i=1}^{n} U_i\}$ und eine Folge $(x^k)_{k \in N_0}$ in $\{x : \{0, \ldots, N\} \to \prod_{i=1}^{n} I\!R^{n_i}\}$ auf die folgende Weise: Sind u^k und x^k für ein $k \in I\!N_0$ gegeben, so bestimmen wir

$$u_i^{k+1}(t) \in U_i \quad \text{für} \quad t = 0, \ldots, N-1 \quad \text{und} \quad i = 1, \ldots, n$$

so, daß unter den Bedingungen

$$\tilde{x}^{k+1}(t+1) = \tilde{x}^k(t) + f(x^k(t), u^{k+1}(t)) \quad \text{für} \quad t = 0, \ldots, N-1$$

und

$$\tilde{x}^{k+1}(0) = x_0$$

der Funktionswert

$$\varphi_N^k(u^{k+1}) = \sum_{i=1}^{n} (\|\tilde{x}_i^{k+1}(N) - \hat{x}_i\|_2^2 + \|u_i^{k+1}(N-1)\|_2^2)$$

minimal ist. Dabei ist

$$\tilde{x}^{k+1}(N) = x_0 + f(x_0, u^{k+1}(0)) + \sum_{t=1}^{N-1} f(x^k(t), u^{k+1}(t))$$

und somit

$$\varphi_N^k(u^{k+1}) = \sum_{i=1}^{n} (\| \sum_{t=0}^{N-1} f_i(x^k(t), u^{k+1}(t)) + x_{0i} - \hat{x}_i\|_2^2 + \|u_i^{k+1}(N-1)\|_2^2) \ .$$

Hat man $u^{k+1}(t)$ für $t = 0, \ldots, N-1$ ermittelt, so berechnet man $x^{k+1}(t)$ für $t = 0, \ldots, N$ vermöge

$$x^{k+1}(t+1) = x^{k+1}(t) + f(x^{k+1}(t), u^{k+1}(t))$$

$$\text{für} \ \ t = 0, \ldots, N-1, \ \ \text{wobei} \ \ x^{k+1}(0) = x_0 \ .$$

Annahme: Alle Funktionen $f_i : \prod_{j=1}^{n} I\!R^{n_j} \times \prod_{j=1}^{n} I\!R^{m_j} \to I\!R^{n_i}$ seien stetig für $i = 1, \ldots, n$. Dann gilt der

Satz 3.9: Gibt es für jedes $t \in \{0, \ldots, N-1\}$ ein $u(t) \in \prod_{i=1}^{n} U_i$ mit

$$u(t) = \lim_{k \to \infty} u^k(t) \ ,$$

so sind $u_i(t)$ für $t = 0, \ldots, N-1$ und $i = 1, \ldots, n$ Lösungen des Ausgangsproblems.

Beweis: Für $t = 0$ folgt aus

$$x^{k+1}(1) = x_0 + f(x_0, u^{k+1}(0))$$

die Existenz von

$$x(1) = \lim_{k \to \infty} x^{k+1}(1) = x_0 + f(x_0.u(0)) \ .$$

Nun sei für ein $t \in \{1, \ldots, N-1\}$

$$x(t) = \lim_{k \to \infty} x^{k+1}(t) = x(t-1) + f(x(t-1), u(t-1)) \ .$$

Dann folgt aus

$$x^{k+1}(t+1) = x^{k+1}(t) + f(x^{k+1}(t), u^{k+1}(t))$$

die Existenz von

$$x(t+1) = \lim_{k\to\infty} x^{k+1}(t+1) = x(t) + f(x(t), u(t)) \ .$$

Aus dem Induktionsprinzip ergibt sich daher für jedes $t \in \{0, \dots, N-1\}$ die Existenz von

$$x(t+1) = \lim_{k\to\infty} x^{k+1}(t+1)$$

und

$$x(t+1) = x(t) + f(x(t), u(t)) \ .$$

Seien $u_i^N : I\!N_0 \to I\!R^{m_i}$ Steuerungsfunktionen mit

$$u_i^N(t) \in U_i \quad \text{für} \quad t = 0, \dots, N-1 \quad \text{und} \quad i = 1, \dots, n$$

derart, daß unter den Bedingungen

$$x_i^N(t+1) = x_i^N(t) + f_i(x^N(t), u^N(t)) \ , \quad t = 0, \dots, N-1$$

und

$$x_i^N(0) = x_{0i}$$

für $i = 1, \dots, n$ der Funktionswert

$$\varphi_N(u^N) = \sum_{i=1}^{n} (\|x_i^N(N) - \hat{x}_i\|_2^2 + \|u^N(N-1)\|_2^2)$$

minimal ausfällt.

Für jedes $u \in \prod_{j=1}^{n} I\!R^{m_j}$ definieren wir dann

$$x_i(u)(N+1) = x_i^N(N) + f(x^N(N), u) \quad \text{für} \quad i = 1, \dots, n$$

und bestimmen $u_N \in \prod_{j=1}^{n} U_j$ so, daß gilt

$$\varphi_{N+1}(u_N) \leq \varphi_{N+1}(u) \quad \text{für alle} \quad u \in \prod_{j=1}^{n} U_j \ ,$$

wobei

$$\varphi_{N+1}(u) = \sum_{i=1}^{n} (\|x_i(u)(N+1) - \hat{x}_i\|_2^2 + \|u_i\|_2^2)$$

ist.

Danach definieren wir

$$u^0(t) \;=\; u^N(T) \;\text{ für }\; t = 0, \ldots, N-1 \;,\;\; u^0(N) = u_n \;\text{ und}$$
$$x^0(T) \;=\; x^N(t) \;\text{ für }\; t = 0, \ldots, N \;,\;\; x^0(N+1) = x(u_n)(N+1)$$

und führen das oben beschriebene Iterationsverfahren durch. Auf diese Weise erhalten wir eine Kombination der Lösung des obigen Approximationsproblems mit der in Abschnitt 3.2.2 beschriebenen schrittweisen, kooperativen, spieltheoretischen Lösung des Problems der Steuerbarkeit aus Abschnitt 3.2.1.

Daraus folgt

$$\lim_{k\to\infty} \tilde{x}^{k+1}(N) = x_0 + \sum_{t=0}^{N-1} f(x(t), u(t)) = x(N)$$

und somit

$$\lim_{k\to\infty} \varphi_N^k(u^{k+1}) = \varphi_N(u) \;.$$

Nun sei $\tilde{u} : \{0, \ldots, N-1\} \to \prod_{i=1}^{n} U_i$ beliebig vorgegeben. Dann folgt ebenfalls

$$\lim_{k\to\infty} \varphi_N^k(\tilde{u}) = \varphi_N(\tilde{u}) \;.$$

Weiter ist für jedes $k \in I\!N_0$

$$\varphi_N^k(u^{k+1}) \leq \varphi_N^k(\tilde{u})$$

und somit

$$\varphi_N(u) = \lim_{k\to\infty} \varphi_N^k(u^{k+1}) \leq \lim_{k\to\infty} \varphi_N^k(\tilde{u}) = \varphi_N(\tilde{u}) \;,$$

was zeigt, daß $u_i(t)$ für $t = 0, \ldots, N-1$ und $i = 1, \ldots, n$ Lösungen des obigen Problems sind.

Über die Stetigkeit der Funktionen $f_i : \prod_{j=1}^{n} I\!R^{n_j} \times \prod_{j=1}^{n} I\!R^{m_j} \to I\!R^{n_i}$ für $i = 1, \ldots, n$ hinaus nehmen wir jetzt noch weiter an, daß alle Mengen U_i für $i = 1, \ldots, n$ kompakt sind. Dann ist für jedes $k \in I\!N_0$ die Existenz von $u^{k+1} : \{0, \ldots, N-1\} \to \prod_{i=1}^{n} U_i$, für welches $\varphi_N^k(u^{k+1})$ minimal ist, sichergestellt, da $\varphi_N^k : \prod_{j=1}^{n} I\!R^{m_j} \to I\!R$ stetig ist. Weiterhin gibt es für jedes $t \in \{0, \ldots, N-1\}$ ein $u(t) \in \prod_{i=1}^{n} U_i$ und eine Teilfolge $(u^{k_\ell}(t))_{\ell \in I\!N_0}$ mit

$$u(t) = \lim_{\ell\to\infty} u^{k_\ell}(t) \;.$$

3.2.6 Anwendung auf ein Konfliktmodell

Wir betrachten n Nationen, die wechselseitig in friedlichen oder feindlichen Beziehungen zueinander stehen und sich durch Aufrüstung gegen wachsende Bedrohung zu schützen versuchen bzw. durch Abrüstung auf verminderte Bedrohung reagieren. Wir denken uns die Dynamik dieses Prozesses beschrieben durch das folgende System von Differenzengleichungen:

$$S_i(t+1) \;=\; S_i(t) + \sum_{j=1}^{n} sc_{ij}\, C_j(t)\,,$$

$$C_i(t+1) \;=\; C_i(t) - k_i\, C_i(t)(C_i^* - C_i(t))(S_i(t) + \tau_i \sum_{j=1}^{n} sc_{ij}\, C_j(t)) \tag{3.53}$$

für $i = 1,\ldots,n$ und $t \in I\!N_0$.

In diesen Gleichungen steht $S_i(t)$ für eine Größe, mit der die i-te Nation ihre Sicherheit zur Zeit t mißt. Ein nicht-negativer Wert von $S_i(t)$ bedeutet Sicherheit und ein negativer Wert Bedrohung. Mit $C_i(t)$ werden die Kosten bezeichnet, die die i-te Nation zur Zeit t aufbringt, um ihre Sicherheit zu garantieren oder ihre Bedrohung zu reduzieren. Die Koeffizienten sc_{ij} beschreiben, wie sich die Sicherheit der i-ten Nation ändert, wenn die Kosten der j-ten Nation sich um eine Einheit ändern. Daraus ergibt sich die sinnvolle Annahme

$$sc_{ii} > 0 \quad \text{für} \quad i = 1,\ldots,n\,.$$

Weiter ergibt sich die sinnvolle Annahme, daß sc_{ij} und sc_{ji} nicht-negativ bzw. negativ ist, wenn die i-te und die j-te Nation in friedlicher bzw. feindlicher Beziehung zueinander stehen.

Die Größen $C_i^* > 0$, $i = 1,\ldots,n$, bezeichnen obere Schranken für die Kosten, die von der i-ten Nation aufgebracht werden können. Damit ergeben sich zusätzlich die Bedingungen

$$0 \le C_i(t) \le C_i^* \quad \text{für} \quad i = 1,\ldots,n \quad \text{und} \quad t \in I\!N_0\,. \tag{3.54}$$

Schließlich sind $k_i > 0$ und $\tau_i \ge 0$ für $i = 1,\ldots,n$ vorgegebene Konstanten. Aus (3.54) folgt

$$-k_i\, C_i(t)(C_i^* - C_i(t)) \le 0 \quad \text{für} \quad i = 1,\ldots,n \quad \text{und} \quad t \in I\!N_0\,.$$

Damit ist

$$C_i(t+1) = \begin{cases} \ge C_i(t)\,, & \text{falls} \quad S_i(t) + \tau_i\, \Delta\, S_i(t) \le 0 \;\; \text{ist}\,, \\[2mm] \le C_i(t)\,, & \text{falls} \quad S_i(t) + \tau_i\, \Delta\, S_i(t) \ge 0 \;\; \text{ist}\,, \end{cases}$$

wobei

$$\Delta\, S_i(t) = S_i(t+1) - S_i(t)$$

ist für $i = 1,\ldots,n$ und $t \in I\!N_0$.

Hierin spiegelt sich das Rüstungsverhalten wider. Die Parameter τ_i geben den Einfluß der Sicherheitsänderungen $\Delta S_i(t)$ wieder. Ist $\tau_i = 0$, so hängt die Kostenänderung

$$\Delta C_i(t) = C_i(t+1) - C_i(t)$$

nur von $C_i(t)$ und $S_i(t)$ ab, und zwar in der Form

$$\Delta C_i(t) = -k_i\, C_i(t)(C_i^* - C_i(t))\, S_i(t)\ .$$

Bei Sicherheit werden die Kosten nicht erhöht, und bei Bedrohung werden sie erhöht.

Zur Zeit $t = 0$ seien Anfangskosten C_{0i} mit $0 \leq C_{0i} \leq C_i^*$ und Anfangssicherheitswerte $S_{0i} \in I\!R$ für $i = 1,\ldots,n$, woraus sich Anfangsbedingungen der Form

$$S_i(0) = S_{0i} \quad \text{und} \quad C_i(0) = C_{0i} \quad \text{für} \quad i = 1,\ldots,n \tag{3.55}$$

ergeben.

Das System (3.53) besitzt Gleichgewichtszustände der Form

$$S_i(t) = \hat{S}_i \quad \text{und} \quad C_i(t) = 0 \quad \text{für alle} \quad i = 1,\ldots,n \quad \text{und} \quad t \in I\!N_0\ , \tag{3.56}$$

wobei die $\hat{S}_i \in I\!R$ für $i = 1,\ldots,n$ beliebig wählbar sind. Wünschenswert sind solche Gleichgewichtszustände, für die gilt

$$\hat{S}_i \geq 0 \quad \text{für alle} \quad i = 1,\ldots,n\ , \tag{3.57}$$

weil sich dann keine Nation bedroht fühlt und keine Kosten für die Reduzierung einer Bedrohung aufwenden muß. Es ist nicht zu erwarten, daß sich ein Gleichgewichtszustand (3.56) mit (3.57) nach endlich vielen Zeitschritten von allein einstellt, wenn man, ausgehend von den Anfangsbedingungen (3.55), den Prozeß der Auf- bzw. Abrüstung gemäß der Dynamik (3.53) unter den Bedingungen (3.54) ablaufen läßt.

Daher denken wir uns die Dynamik (3.53) gesteuert mit dem Zweck, das Ziel (3.56) mit (3.57) für alle $t \geq N$ und ein passendes $N \in I\!N_0$ zu erreichen. Die Steuerung denken wir uns über die Kosten auf folgende Weise

$$\begin{aligned}
S_i(t+1) &= S_i(t) + \sum_{j=1}^{n} sc_{ij}(C_j(t) + u_j(t)) \\
C_i(t+1) &= C_i(t) - k_i\, C_i(t)(C_i^* - C_i(t)) \\
&\quad \times\ (S_i(t) + \tau_i \sum_{j=1}^{n} sc_{ij}(C_j(t) + u_j(t)))
\end{aligned} \tag{3.58}$$

für $i = 1,\ldots,n$ und $t \in I\!N_0$.

Die i-te Nation verfügt über eine reellwertige Steuerungsfunktion $u_i : I\!N_0 \to I\!R$, von der wir annehmen, daß gilt

$$u_i(t) \in U_i \quad \text{für} \quad i = 1,\ldots,n \quad \text{und} \quad t \in I\!N_0\ , \tag{3.59}$$

wobei jedes U_i eine Teilmenge von $I\!R$ mit $0 \in U_i$ ist.
Zu lösen ist das folgende

Steuerungsproblem: Gegeben sei ein Gleichgewichtszustand $(0, \hat{S}_i)$ für $i = 1, \ldots, n$ mit
(3.57). Gesucht sind Steuerungsfunktionen $u_i : I\!N_0 \to I\!R$ für $i = 1, \ldots, n$ mit (3.59)
derart, daß die Lösungen $S_i = S_i(t)$ und $C_i = C_i(t)$, $t \in I\!N_0$, von (3.58), (3.55) unter den
Nebenbedingungen (3.54) für ein passendes $N \in I\!N$ die Bedingungen

$$C_i(t) = 0, \quad S_i(t) = \hat{S}_i \quad \text{und} \quad u_i(t) = 0 \quad \text{für} \quad i = 1, \ldots, n \quad \text{und alle} \quad t \geq N$$

erfüllt sind.

Sctzt man $n_i = 2$, $m_i = 1$, $x_i = (S_i, C_i)$ für $i = 1, \ldots, n$ und definiert Funktionen
$f_i : I\!R^{2n} \times I\!R^n \to I\!R^2$ durch die rechten Seiten von (3.58), so ist (3.58) von der Form
(3.26) mit f_i von der Form (3.38).
Definiert man weiter für jedes $i = 1, \ldots, n$

$$X_i = \{(S_i, C_i) \in I\!R^2 \mid 0 \leq C_i \leq C_i^*\} ,$$

so gehen die Nebenbedingungen (3.54) in (3.28) über. Schließlich nehmen die Anfangsbedingungen (3.55) die Form (3.29) an mit $x_{0i} = (S_{0i}, C_{0i})$ für $i = 1, \ldots, n$.

Die Annahmen 1. und 2. in Abschnitt 3.2.1 sind erfüllt, und das dort formulierte
Problem der Steuerbarkeit ist genau das oben formulierte Steuerungsproblem.

Dieses Problem soll wieder schrittweise gelöst werden (wie in den Abschnitten 3.2.2 und
3.2.3). Zu dem Zweck denken wir uns $S_i(t)$ und $C_i(t)$ mit $0 \leq C_i(t) \leq C_i^*$ für $i = 1, \ldots, n$
und ein $t \in I\!N_0$ vorgegeben. Für n Zahlen $u_1, \ldots, u_n \in I\!R$ definieren wir dann

$$
\begin{aligned}
S_i(u_1, \ldots, u_n)(t+1) &= S_i(t) + \sum_{j=1}^{n} sc_{ij}(C_j(t) + u_j) , \\
C_i(u_1, \ldots, u_n)(t+1) &= C_i(t) - k_i \, C_i(t)(C_i^* - C_i(t)) \\
&\quad \times \ (S_i(t) + \tau_i \sum_{j=1}^{n} sc_{ij}(C_j(t) + u_j)
\end{aligned}
\tag{3.60}
$$

für $i = 1, \ldots, n$ und $t \in I\!N_0$.
Die durch (3.32) definierte Auszahlungsfunktion für die i-te Nation lautet jetzt

$$a_i^t(u) = (S_i(u)(t+1) - \hat{S}_i)^2 + C_i(u)(t+1)^2 + u_i^2$$

für $i = 1, \ldots, n$, wobei

$$
\begin{aligned}
u &= (u_1, \ldots, u_n) \in Z_t = \{u \in \prod_{i=1}^{n} U_i \mid \\
0 &\leq C_i(u)(t+1) \leq C_i^* \text{ für } i = 1, \ldots, n\}
\end{aligned}
$$

ist und $S_i(u)(t+1)$ sowie $C_i(u)(t+1)$ durch (3.60) definiert sind. Wir nehmen an, es sei

$$U_i = I\!R \quad \text{und} \quad \tau_i = 0 \quad \text{für} \quad i = 1, \ldots, n .$$

Dann ist $C_i(t+1)$ nicht explizit von $u(t) = (u_1(t), \ldots, u_n(t))$ abhängig. Als Auszahlungsfunktion für die i-te Nation sollte man daher definieren

$$a_i^t(u) = (S_i(u)(t+1) - \hat{S}_i)^2 + C_i(u)(t+2)^2 + u_i^2$$

für $i = 1, \ldots, n$, wobei

$$C_i(u)(t+2) \;=\; C_i(t+1) - k_i\, C_i(t+1)(C_i^* - C_i(t+1))$$

$$\times \;\; (S_i(t) + \sum_{j=1}^{n} sc_{ij}(C_j(t) + u_j))$$

und

$$C_i(t+1) = C_i(t) - k_i\, C_i(t)(C_i^* - C_i(t))\, S_i(t) \; .$$

Bei dieser Vorgehensweise bleibt $C_i(1)$ für $i = 1, \ldots, n$ ungesteuert. Im kooperativen Fall haben wir dann für jedes $t \in I\!N_0$ die Funktion

$$\varphi_t(u) = \sum_{i=1}^{n} (S_i(u)(t+1) - \hat{S}_i)^2 + C_i(u)(t+2)^2 + u_i^2) \; ,$$

$u = (u_1, \ldots, u_n) \in I\!R^n$ unter den Nebenbedingungen

$$0 \leq C_i(u)(t+2) \leq C_i^* \quad \text{für} \quad i = 1, \ldots, n$$

zu minimieren.
Da die Menge

$$Z_t = \{u \in I\!R^n \,|\; 0 \leq C_i(u)(t+2) \leq C_i^* \text{ für } i = 1, \ldots, n\}$$

konvex und $\varphi_t : I\!R^n \to I\!R_+$ strikt konvex ist, gibt es höchstens ein $u_t \in Z_t$ mit

$$\varphi_t(u_t) \leq \varphi_t(u) \quad \text{für alle} \quad u \in Z_t \; . \tag{3.61}$$

Fallunterscheidung:

(a) $\varphi_t(u_t) = 0$.

Dann ist notwendig $u_t = \theta_n$, $C_i(u_t)(t+2) = 0$ und $S_i(u_t)(t+1) = \hat{S}_i$ für $i = 1, \ldots, n$.

Setzt man $N = t + 1$ und definiert Steuerungsfunktionen $u_i : I\!N_0 \to I\!R$ für $i = 1, \ldots, n$ durch

$$u_i(t) = \begin{cases} u_{ti} & \text{für} \quad t = 0, \ldots, N - 1 \\ 0 & \text{für} \quad t \geq N \end{cases}$$

und Zustandsfunktionen $S_i, C_i : I\!N_0 \to I\!R$ für $i = 1, \ldots, n$ durch

$$S_i(0) \;=\; S_{0i}$$

$$S_i(\tau) \;=\; \begin{cases} S_i(u_{\tau-1})(\tau) & \text{für} \quad \tau = 1, \ldots, N - 1 \; , \\ \hat{S}_i & \text{für} \quad \tau \geq N \end{cases}$$

sowie

$$C_i(0) \;=\; C_{0i}$$

$$C_1(1) \;=\; C_{0i} - k_i\, C_{0i}(C_i^* - C_{0i})\, S_{0i} \; ,$$

$$C_i(\tau) \;=\; \begin{cases} C_i(u_{\tau-2})(t) & \text{für} \quad \tau = 2,\ldots,N \; , \\ \qquad\; 0 & \text{für} \quad \tau \geq N+1 \; , \end{cases}$$

so hat man eine Lösung des Steuerungsproblems gewonnen.

(b) $\varphi_t(u_t) > 0$.

Dann setzen wir

$$S_i(t+1) = S_i(u_t)(t+1) \quad \text{sowie} \quad C_i(t+2) = C_i(u_t)(t+2)$$

$$\text{für} \quad i = 1,\ldots,n$$

und lösen das Problem (3.61) mit $t+1$ anstelle von t.

Notwendig und hinreichend für ein $u_t \in Z_t$, das Problem (3.61) zu lösen, ist die Existenz von Multiplikatoren

$$\lambda_i^1 \geq 0 \quad \text{und} \quad \lambda_i^2 \geq 0 \quad \text{für} \quad i = 1,\ldots,n$$

mit

$$\nabla \varphi_t(u_t) = \sum_{i=1}^{n} \lambda_i^1 \, \nabla \, C_i(u_t)(t+1) - \lambda_i^2 \, \nabla \, C_i(u_t)(t+2) \; ,$$

$$\lambda_i^1 > 0 \Longrightarrow C_i(u_t)(t+2) = 0 \; ,$$

$$\lambda_i^2 > 0 \Longrightarrow C_i(u_t)(t+2) = C_i^* \; .$$

4 Chaotisches Verhalten dynamischer Systeme

4.1 Chaos im Sinne von Devaney

Wir gehen aus von der in Abschnitt 1.1 angegebenen abstrakten Definition eines Zeit-diskreten dynamischen Systems. Dazu denken wir uns einen metrischen Raum X mit einer Metrik d vorgegeben sowie eine stetige Abbildung $\pi : X \times I\!N_0 \to X$ mit

$$\pi(x,0) = x \quad \text{für alle} \quad x \in X \tag{4.1}$$

sowie

$$\pi(\pi(x,n),m) = \pi(x,n+m)$$
$$\text{für alle} \quad x \in X \quad \text{und alle} \quad m,n \in I\!N_0 \, . \tag{4.2}$$

Definiert man

$$f(x) = \pi(x,1) \quad \text{für alle} \quad x \in X \, , \tag{4.3}$$

so ist $f : X \to X$ eine stetige Abbildung, und es ist wegen (4.2)

$$f^n(x) = \underbrace{f \circ f \circ \ldots \circ f}_{n\text{-mal}}(x) = \pi(x,n)$$
$$\text{für alle} \quad x \in X \quad \text{und alle} \quad n \in I\!N \, .$$

Weiter ist $f^0(x) = x = \pi(x,0)$ für alle $x \in X$.

Ist umgekehrt eine stetige Abbildung $f : X \to X$ vorgegeben und definiert man $\pi : X \times I\!N_0 \to X$ durch

$$\pi(x,n) = f^n(x) \quad \text{für alle} \quad x \in X \quad \text{und} \quad n \in I\!N_0 \, , \tag{4.4}$$

so ist π stetig und hat die Eigenschaften (4.1) und (4.2). Jede stetige Abbildung $f : X \to X$ definiert also vermöge (4.4) ein Zeit-diskretes dynamisches System $\pi : X \times I\!N_0 \to X$, und jedes solche definiert vermöge (4.3) eine stetige Abbildung $f : X \to X$. Wir denken uns daher im Folgenden ein Zeit-diskretes dynamisches Systems stets in der Form (4.4), wobei $f : X \to X$ eine vorgegebene stetige Abbildung ist.

Ein Punkt $x \in X$ heißt Periodenpunkt von $f : X \to X$, wenn es ein $n \in I\!N$ gibt mit $f^n(x) = x$. Die kleinste Zahl $n \in I\!N$ mit dieser Eigenschaft heißt f-Periode von $x \in X$.

Definition: Eine stetige Funktion $f : X \to X$ heißt topologisch transitiv, wenn zu je zwei nichtleeren offenen Teilmengen $U, V \subseteq X$ ein $n \in I\!N$ existiert mit $f^n(U) \cap V \neq \phi$, wobei

$$f^n(U) = \{f^n(x) \mid x \in U\}$$

ist.

Anschaulich bedeutet das, daß eine topologisch transitive Abbildung $f : X \to X$, genügend oft angewandt, den metrischen Raum X vollkommen durchmischt.

Unter Verwendung der Begriffe "Periodenpunkt" und "topologische Transitivität" definieren wir nun Chaos wie folgt.

Definition: Eine stetige Abbildung f eines metrischen Raumes X in sich heißt chaotisch, wenn gilt:

(1) Die Menge der Periodenpunkte von f ist dicht in X.

(2) Die Abbildung $f : X \to X$ ist topologisch transitiv.

Zu jedem Periodenpunkt $x \in X$ von f gehört ein Orbit

$$0(x) = \{f^k(x) \mid k = 0, \dots, n\} \quad \text{für ein} \quad n \in I\!N_0 \,,$$

dessen sämtliche Punkte natürlich ebenfalls Periodenpunkte von f sind. Jeder solche "periodische" Orbit kann als eine geordnete Bewegung in dem durch f definierten Zeit-diskreten dynamischen System angesehen werden. Jeder Periodenpunkt $x \in X$ von f definiert also eine gewisse Ordnung, die topologische Transitivität hingegen ist ein Ausdruck vollkommener Unordnung. Die obige Chaosdefinition besagt also, daß Ordnung und vollkommene Unordnung unmittelbar benachbart sind, wenn die Abbildung $f : X \to X$ chaotisch ist.

Diese Definition geht auf Devaney zurück, der noch eine dritte Eigenschaft hinzunimmt, die wie folgt definiert ist.

Definition: Eine stetige Abbildung $f : X \to X$ heißt sensitiv abhängig von Anfangswerten, wenn ein $\delta > 0$ existiert derart, daß für jedes $x \in X$ und jede Umgebung $V(x)$ von x ein $y \in V(x)$ und ein $n \in I\!N_0$ existieren mit

$$d(f^n(x), f^n(y)) \geq \delta \,.$$

Diese Eigenschaft ist jedoch überflüssig; denn es gilt der

Satz 4.1: Der metrische Raum X bestehe aus unendlich vielen Punkten, und $f : X \to X$ sei chaotisch im Sinne der obigen Definition. Dann ist f auch sensitiv abhängig von Anfangswerten.

Beweis: Da X aus unendlich vielen Punkten besteht, gibt es zwei Periodenpunkte $x_1, x_2 \in X$ von f mit $0(x_1) \neq 0(x_2)$, wobei gilt

$$0(x) = \{f^n(x)|\, n \in I\!N_0\} \quad \text{für jedes} \quad x \in X \; .$$

Sei

$$\delta_0 = d(0(x_1), 0(x_2)) = \min\{d(y_1, y_2)|\, y_i \in 0(x_i),\; i = 1, 2\} \; .$$

Sei $x \in X$ beliebig gewählt. Dann gilt entweder

(a) $d(x, 0(x_1)) = \min\{d(x, y)|\, y \in 0(x_1)\} \geq \frac{\delta_0}{2}$ oder

(b) $d(x, 0(x_1)) < \frac{\delta_0}{2}$.

Sei etwa $d(x, \hat{y}_1) = d(x, 0(x_1))$. Dann folgt im Falle (b) für jedes $y_2 \in 0(x_2)$ die Ungleichungskette

$$d(x, y_2) \geq d(\hat{y}_1, y_2) - d(x, \hat{y}_1) > \delta_0 - \frac{\delta_0}{2} = \frac{\delta_0}{2}$$

und somit $d(x, 0(x_2)) > \frac{\delta_0}{2}$.

Ergebnis: Es gibt eine Zahl $\delta_0 > 0$ derart, daß für jedes $x \in X$ ein Periodenpunkt $\hat{x} \in X$ existiert mit $d(x, 0(\hat{x})) \geq \frac{\delta_0}{2}$. Wir setzen $\delta = \frac{\delta_0}{8}$ und wählen $x \in X$ beliebig und dazu eine beliebige Umgebung $V(x)$. Dann setzen wir

$$U = V(x) \cap B_\delta(x), \quad \text{wobei} \quad B_\delta(x) = \{y \in X|\, d(y, x) < \delta\} \; .$$

Nach Eigenschaft (1) gibt es einen Periodenpunkt $p \in U$ von f. Sei etwa $f^n(p) = p$. Nach dem obigen Ergebnis gibt es einen Periodenpunkt $q \in X$ von f mit $d(x, 0(q)) \geq \frac{\delta_0}{2} = \delta$. Wir setzen

$$V = \bigcap_{i=0}^{n} f^{-i}(B_\delta(f^i(q))) \; ,$$

wobei für jede nichtleere Teilmenge W von X gilt

$$f^{-i}(W) = \{y \in X|\, f^i(y) \in W\},\; i \in I\!N_0 \; .$$

Dann ist V offen und nichtleer, da $q \in V$.

Da f topologisch transitiv ist, gibt es ein $y \in U$ und ein $k \in I\!N$ mit $f^k(y) \in V$.

Nun sei $j = [\frac{k}{n} + 1] \Longrightarrow 1 \leq n \cdot j - k \leq n$. Nach Konstruktion ist daher

$$f^{n \cdot j}(y) = f^{n \cdot j - k}(f^k(y)) \in f^{n \cdot j - k}(V) \subseteq B_\delta(f^{n \cdot j - k}(q)) \; .$$

Nun ist $f^{n \cdot j}(p) = p$ und somit

$$d(f^{n \cdot j}(p), f^{n \cdot j}(y)) = d(p, f^{n \cdot j}(y))$$

$$\geq d(x, \underbrace{f^{n \cdot j - k}(q)}_{\in 0(q)}) - d(f^{n \cdot j - k}(q), \underbrace{f^{n \cdot j}(y)}_{\in B_\delta(f^{n \cdot j - k}(q))}) - d(p, x)$$

$$> 4\delta - \delta - \delta = 2\delta$$

wegen $p \in B_\delta(x)$. Damit ergibt sich entweder

(α)　$d(f^{n\cdot j}(x), f^{n\cdot j}(y)) \geq \delta$ oder

(β)　$d(f^{n\cdot j}(x), f^{n\cdot j}(y)) < \delta$,

wobei im letzteren Fall sich

$$d(f^{n\cdot j}(x), f^{n\cdot j}(p)) \geq d(f^{n\cdot j}(p), f^{n\cdot j}(y)) - d(f^{n\cdot j}(y), f^{n\cdot j}(x)) > 2\delta - \delta = \delta$$

ergibt.

Wegen $y \in U$ und $p \in U$ haben wir in jedem der beiden Fälle ein $z \in V(x)$ gefunden mit $d(f^{n\cdot j}(x), f^{n\cdot j}(z)) \geq \delta$, was den Beweis vollendet.

Ein paradigmatisches Beispiel für eine chaotische Abbildung ist die sog. Shift-Abbildung im Raume der 0-1-Folgen, d.h. im Raume

$$\sum = \{s = (s_0, s_1, s_2, \ldots) |\ s_j = 0 \text{ oder } 1 \text{ für } j \in I\!N_0\}\ .$$

Definiert man in $\sum$ eine Metrik vermöge

$$d(s,t) = \sum_{i=0}^{\infty} \frac{|s_i - t_i|}{2^i}\ ,\quad s, t \in \sum\ ,$$

so wird $\sum$ zu einem metrischen Raum (Übung).
Im Folgenden benötigen wir den

Hilfssatz: Gegeben seien $s, t \in \sum$. Dann gilt:

(a)　$s_i = t_i$ für $i = 0, \ldots, n \implies d(s,t) \leq \frac{1}{2^n}$.

Umgekehrt gilt

(b)　$d(s,t) < \frac{1}{2^n} \implies s_i = t_i$ für $i = 0, \ldots, n$.

Beweis $=$ Übung.

Die Shift-Abbildung $\sigma : \sum \to \sum$ ist definiert vermöge

$$\sigma(s_0, s_1, s_2, \ldots) = (s_1, s_2, s_3, \ldots)\ .$$

Satz 4.2: Die Shift-Abbildung $\sigma : \sum \to \sum$ ist stetig.

Beweis: Seien $s = (s_0, s_1, s_2, \ldots,) \in \sum$ und $\varepsilon > 0$ vorgegeben. Dann wähle man $n \in I\!N_0$ so, daß gilt $\frac{1}{2^n} < \varepsilon$. Sei $\delta = \frac{1}{2^{n+1}}$. Gilt dann für ein $t = (t_0, t_1, t_2, \ldots) \in \sum$ die Aussage $d(s,t) < \delta$, so folgt aus dem Hilfssatz $s_i = t_i$ für $i = 0, \ldots, n+1$, mithin $\sigma(s)_i = \sigma(t)_i$ für $i = 1, \ldots, n$, was wiederum nach dem Hilfssatz $d(\sigma(s), \sigma(t)) < \varepsilon$ impliziert und den Beweis beendet.

Für jedes $n \in I\!N_0$ gibt es 2^n verschiedene Punkte $s \in \sum$ der Form

$$s = (s_0, \ldots, s_{n-1}, s_0, \ldots, s_{n-1}, \ldots),$$

für die also gilt $\sigma^n(s) = s$, d.h., die Periodenpunkte sind. Sei $Per(\sigma)$ die Menge aller Periodenpunkte in $\sum$.

Satz 4.3: Die Menge $Per(\sigma)$ ist dicht in $\sum$.

Beweis: Sei $s = (s_0, s_1, s_2, \ldots) \in \sum$ beliebig vorgegeben. Definiert man für jedes $n \in I\!N_0$ die Folge

$$\tau_n = (s_0, s_1, \ldots, s_n, s_0, s_1, \ldots, s_n, \ldots), \; n \in I\!N_0 \, ,$$

so ist

$$\tau_n \in Per(\sigma) \quad \text{für alle} \; \; n \in I\!N_0$$

und

$$\tau_{ni} = s_i \quad \text{für} \quad i = 0, \ldots, n \, ,$$

was nach dem Hilfssatz $d(\tau_n, s) \leq \frac{1}{2^n}$ impliziert und den Beweis beendet.

Satz 4.4: Es gibt ein $s \in \sum$ derart, daß der Orbit $(\sigma^n(s))_{n \in N_0}$ in $\sum$ dicht ist.

Beweis: Wir definieren

$$s = (\; \underbrace{0\,1}_{\text{Einerblöcke}} \quad \underbrace{00\,01\,10\,11}_{\text{Zweierblöcke}} \; \underbrace{000\,001 \ldots 111}_{\text{Dreierblöcke}} \ldots \;) \, .$$

Offenbar stimmt $\sigma^n(s)$ für genügend großes n mit jedem $t \in \sum$ in den ersten n Stellen überein, d.h., es gilt nach dem Hilfssatz $d(\sigma^n(s), t) \leq \frac{1}{2^n}$, was die Behauptung beweist.

Folgerung: Die Shift-Abbildung ist topologisch transitiv und somit chaotisch.

4.2 Topologische Konjugiertheit

Seien X und Y zwei metrische Räume und $f : X \to X$ sowie $g : Y \to Y$ zwei stetige Abbildungen.

Definition: f und g heißen topologisch konjugiert, wenn es einen Homöomorphismus $h : X \to Y$ gibt mit

$$h \circ f = g \circ h ,$$

d.h. wenn das folgende Diagramm kommutativ ist

$$
\begin{array}{ccc}
f & : & X & \to & X \\
& & \downarrow h & & \downarrow h \\
g & : & Y & \to & Y
\end{array}
$$

Aus der Chaosdefinition in Abschnitt 4.4.1 ergibt sich der

Satz 4.5: Seien die stetigen Abbildungen $f : X \to X$ und $g : Y \to Y$ topologisch konjugiert. Dann gilt: f ist genau dann chaotisch, wenn g chaotisch ist.

Beweis $=$ Übung (vgl. den Beweis von Satz 4.10).

Diesen Satz wollen wir an einem Beispiel demonstrieren. Zu dem Zweck betrachten wir zunächst die Abbildung $f : I\!R \to I\!R$, die definiert ist vermöge

$$f(x) = \mu x(1 - x), \quad x \in I\!R . \tag{4.5}$$

Wir nehmen an, es sei $\mu > 4$. Dann ist der Maximalwert $f(\frac{1}{2}) = \frac{\mu}{4}$ von f größer als 1, und es gibt ein offenes Intervall $A_0 \subseteq [0,1]$ mit $\frac{1}{2}$ als Mittelpunkt derart, daß gilt

$$f(x) > 1, \; f^2(x) < 0 \quad \text{und} \quad \lim_{n \to \infty} f^n(x) = -\infty$$

für alle $x \in A_0$. Definiert man dann

$$A_1 = \{x \in [0,1] | \, f(x) \in A_0\} ,$$

so folgt

$$f^2(x) > 1, \; f^3(x) < 0 \quad \text{und} \quad \lim_{n \to \infty} f^n(x) = -\infty$$

für alle $x \in A_1$. Anschaulich liegt die folgende Situation vor:

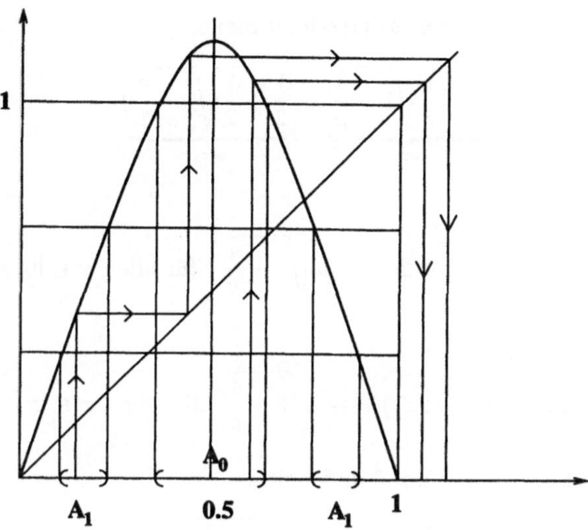

Als nächstes definieren wir

$$A_2 = \{x \in [0,1]|\ f^i(x) \in A_{i-1}\ \text{für}\ i = 1,2\}\ .$$

Dann ist $f^3(x) > 1$ für alle $x \in A_2$.
Definiert man für ein beliebiges $n \in I\!N$

$$A_n = \{x \in [0,1]|\ f^i(x) \in A_{i-1}\ \text{für}\ i = 1,\dots,n\}\ ,$$

so folgt $f^{n+1}(x) > 1$ für alle $x \in A_n$.
Damit setzen wir

$$A = [0,1]\backslash(\bigcup_{n=0}^{\infty} A_n) = \bigcap_{n=0}^{\infty} ([0,1]\backslash A_n)\ . \tag{4.6}$$

Offensichtlich besteht $[0,1]\backslash A_0$ aus zwei abgeschlossenen Intervallen und $[0,1]\backslash(A_0 \cup A_1)$ aus $4 = 2^2$ abgeschlossenen Intervallen. Allgemein besteht $[0,1]\backslash \bigcup_{k=0}^{n} A_k$ aus 2^{n+1} abgeschlossenen Intervallen, die symmetrisch zu $\frac{1}{2}$ liegen. Jede Menge $[0,1]\backslash A_n$ ist abgeschlossen. Damit ist A nichtleer und abgeschlossen. Aus der Konstruktion ergibt sich weiter $f(A) \subseteq A$.
Darüber hinaus gilt der

Satz 4.6: Die durch (4.6) definierte Menge A ist eine Cantor-Menge, d.h., sie ist abgeschlossen, total unzusammenhängend (enthält keine Intervalle) und perfekt (jeder Punkt von A ist ein Häufungspunkt), falls $\mu > 2 + \sqrt{5}$ ist.

Beweis: Aus $f(x) > 1$ für alle $x \in A_0$ errechnet man

$$A_0 = (\underbrace{\frac{1}{2} - \frac{1}{2}\sqrt{1 - \frac{4}{\mu}}}_{=x_1} \;,\; \underbrace{\frac{1}{2} + \frac{1}{2}\sqrt{1 - \frac{4}{\mu}}}_{=x_2}) \;.$$

Weiter ist

$$f'(x) \geq f'(x_1) = \mu(1 - 2x_1) = \mu\sqrt{1 - \frac{4}{\mu}} \quad \text{für alle} \quad x \in [0, x_1]$$

und

$$f'(x) \leq f'(x_2) = \mu(1 - 2x_2) = -\mu\sqrt{1 - \frac{4}{\mu}} \quad \text{für alle} \quad x \in [x_2, 1] \;.$$

Aus $\mu > 2 + \sqrt{5}$ folgt $\mu^2 - 4\mu - 1 > 0$ und weiter

$$\mu^2(1 - \frac{4}{\mu}) > 1 \implies \mu\sqrt{1 - \frac{4}{\mu}} > 1 \;.$$

Daraus ergibt sich

$$|f'(x)| > 1 \quad \text{für alle} \quad x \in [0, 1]\backslash A_0 \;,$$

woraus die Existenz eines $\lambda > 1$ folgt mit

$$|f'(x)| > \lambda \quad \text{für alle} \quad x \in A \subseteq [0, 1]\backslash A_0 \;.$$

Nach der Kettenregel ist daher für jedes $n \in I\!N$

$$|(f^n)'(x)| > \lambda^n \quad \text{für alle} \quad x \in A \;.$$

Nun seien $x, y \in A$ mit $x \neq y$ und $[x, y] \subseteq A$ vorgegeben. Dann folgt insbesondere für jedes $n \in I\!N$

$$|(f^n)'(\alpha)| > \lambda^n \quad \text{für alle} \quad \alpha \in [x, y] \;.$$

Nun wähle man $n \in I\!N$ so, daß gilt $\lambda^n(y - x) > 1$. Nach dem Mittelwertsatz folgt dann

$$|f^n(y) - f^n(x)| \geq \lambda^n(y - x) > 1$$

und somit $f^n(x) \notin [0, 1]$ oder $f^n(y) \notin [0, 1]$, ein Widerspruch gegen $x, y \in A$. Damit enthält A kein Intervall.

Die Abgeschlossenheit von A wurde schon gezeigt.

Um die Perfektheit von A einzusehen, bemerken wir zunächst, daß jeder Endpunkt eines Intervalles von A_k, $k \in I\!N_0$, nach endlich vielen Schritten in 0 abgebildet wird, d.h. zu A gehört. Nun sei $p \in A$ ein isolierter Punkt von A. Dann gibt es in jeder Umgebung von

p einen Punkt $x \neq p$ mit $f^{k+1}(x) > 1$ für ein $k \in I\!N_0$, mithin $x \in A_k$. Dann sind zwei Fälle zu unterscheiden: Entweder gibt es eine Folge solcher Punkte x, die alle Endpunkte eines Intervalles von einem A_k sind und somit zu A gehören. Das wäre ein Widerspruch gegen die Isoliertheit von p. Oder jede Folge solcher Punkte x wird elementweise nach endlich vielen Schritten in das Äußere von $[0,1]$ abgebildet. Wir können sogar annehmen, daß er zu jedem Folgenelement x_k ein $n \in I\!N$ gibt mit $f^n(x_k) < 0$, so daß f^n in p ein Maximum besitzt, was $(f^n)'(p) = 0$ impliziert. Nach der Kettenregel folgt aber $f'(f^j(p)) = 0$ für ein $i < n$ und somit $f^i(p) = \frac{1}{2}$, was $f^{i+1}(p) > 1$ und $f^n(p) \to -\infty$ impliziert für $n \to \infty$. Das ist ein Widerspruch zu $p \in A$. Die Menge A besitzt also keine isolierten Punkte, was den Beweis beendet.

Bemerkung: Der Satz 4.6 gilt auch für $\mu \in (4, 2+\sqrt{5}]$, nur ist sein Beweis komplizierter.

Für jedes $x \notin A$ gilt $\lim\limits_{n \to \infty} f^n(x) = -\infty$ und für alle $x \in A$ gilt

$$f^n(x) \in A \quad \text{für alle} \quad n \in I\!N_0 \ .$$

Frage: Ist $f : A \to A$ für $\mu > 2 + \sqrt{5}$ chaotisch?

Um diese Frage positiv zu beantworten, zeigen wir, daß die Abbildung $f : A \to A$ und die Shift-Abbildung $\sigma : \sum \to \sum$ topologisch konjugiert sind, so daß mit Satz 4.5 folgt, daß f chaotisch ist.

Zunächst definieren wir eine Abbildung $S : A \to \sum$ vermöge $S(x) = (s_0, s_1, s_2, \ldots)$, wobei

$$s_j = \begin{cases} 0, & \text{falls} \quad f^j(x) \in I_0 \ , \\ 1, & \text{falls} \quad f^j(x) \in I_1 \ , \end{cases} \tag{4.7}$$

und I_0 sowie I_1 die beiden Intervalle sind, aus denen sich $[0,1] \backslash (A_0 = \{x \in [0,1] |\ f(x) > 1\})$ zusammensetzt.

Für diese Abbildung beweisen wir den

Satz 4.7: Ist $\mu > 2 + \sqrt{5}$, so ist $S : A \to \sum$ ein Homöomorphismus, d.h umkehrbar eindeutig auf und stetig samt ihrer Umkehrabbildung $S^{-1} : \sum \to A$.

Beweis: Wir beweisen zunächst die Injektivität von S. Seien also $x, y \in A$ vorgegeben mit $x \neq y$. Annahme: $S(x) = S(y)$. Dann folgt für jedes $n \in I\!N_0$

$$(f^n(x) \in I_0 \text{ und } f^n(y) \in I_0) \text{ oder } (f^n(x) \in I_1 \text{ und } f^n(y) \in I_1) \ ,$$

was $[x, y] \subseteq A$ oder $[y, x] \subseteq A$ impliziert, ein Widerspruch dazu, daß A nach Satz 4.6 total unzusammenhängend ist. Um die Surjektivität von S zu beweisen, definieren wir für jedes abgeschlossene Intervall $J \subseteq [0,1]$ das n-te Urbild als

$$f^{-n}(J) = \{x \in [0,1] \mid f^n(x) \in J\} \ .$$

Das Urbild $f^{-1}(J)$ besteht aus zwei Intervallen, eines in I_0 und eines in I_1 wie das folgende Bild zeigt:

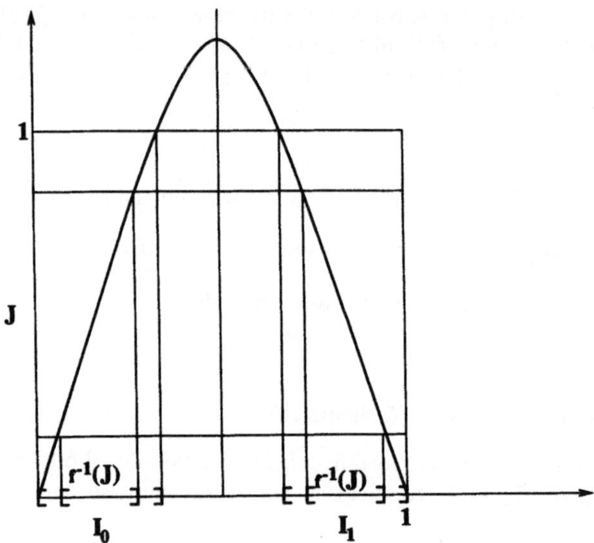

Nun sei $s = (s_0, s_1, s_2, \ldots) \in \Sigma$ vorgegeben. Dann definieren wir für jedes $n \in I\!N_0$ das Intervall

$$
\begin{aligned}
I_{s_0 s_1 \ldots s_n} &= \{x \in [0,1] \mid x \in I_{s_0}, f(x) \in I_{s_1}, \ldots, f^n(x) \in I_{s_n}\} \\
&= I_{s_0} \cap f^{-1}(I_{s_1}) \cap \ldots \cap f^{-n}(I_{s_n}) = I_{s_0} \cap f^{-1}(I_{s_1 s_2 \ldots s_n}) \ .
\end{aligned}
\tag{4.8}
$$

Auf Grund der obigen Bemerkung besteht $f^{-1}(I_{s_1 s_2 \ldots s_n})$ aus zwei abgeschlossenen Intervallen, eines in I_0 und eines in I_1. Damit ist $I_{s_0} \cap f^{-1}(I_{s_1 s_2 \ldots s_n})$ ein abgeschlossenes Intervall in I_{s_0}. Weiter gilt

$$I_{s_0 \ldots s_n} = I_{s_0 \ldots s_{n-1}} \cap f^{-n}(I_{s_n}) \subseteq I_{s_0 \ldots s_{n-1}} \ .$$

Daher ist $\bigcap\limits_{n \in I\!N_0} I_{s_0 s_1 \ldots s_n}$ nichtleer. Sei $x \in \bigcap\limits_{n \in I\!N_0} I_{s_0 s_1 \ldots s_n}$. Dann folgt

$$x \in I_{s_0}, \ f(x) \in I_{s_1}, \ f^2(x) \in I_{s_2} \ \text{usw.} \ ,$$

mithin $S(x) = s$, was die Surjektivität von S beweist. Weiter gilt $\bigcap\limits_{n \in I\!N_0} I_{s_0 s_1 \ldots s_n} = \{x\}$, da S umkehrbar eindeutig ist.

Zum Nachweis der Stetigkeit von S wählen wir $x \in A$ und setzen $(s_0, s_1, \ldots) = S(x)$. Sei $\varepsilon > 0$ vorgegeben. Dann wählen wir $n \in I\!N_0$ so, daß gilt $\frac{1}{2^n} \leq \varepsilon$. Betrachte die

Intervalle $I_{t_0 t_1 \ldots t_n}$ gemäß (4.8) für alle 2^{n+1} Kombinationen von $t_0, t_1, \ldots, t_n$. Diese sind alle verschieden voneinander, und $I_{s_0 s_1 \ldots s_n}$ ist eines von ihnen. Nun wählen wir $\delta > 0$ so, daß gilt

$$|x - y| < \delta \quad \text{und} \quad y \in A \Longrightarrow y \in I_{s_0 s_1 \ldots s_n} \, .$$

Dann folgt

$$S(x)_i = S(y)_i \quad \text{für} \quad i = 0, \ldots, n$$

und somit nach dem obigen Hilfssatz

$$d(S(x), S(y)) \leq \frac{1}{2^{n+1}} \leq \varepsilon \, ,$$

was die Stetigkeit von S beweist.

Um die Stetigkeit der Umkehrabbildung zu beweisen, zeigen wir, daß S abgeschlossene Teilmengen von A in abgeschlossene Teilmengen von $\sum$ abbildet. Sei $B \subseteq A$ abgeschlossen und nichtleer. Dann ist B kompakt, da A kompakt ist. Damit ist $f(B)$ in $\sum$ kompakt, da S stetig ist, und somit abgeschlossen.

Nach diesen Vorbereitungen kommen wir jetzt zum

Satz 4.8: Die Abbildungen $f : A \to A$ und $\sigma : \sum \to \sum$ sind topologisch konjugiert, und zwar gilt

$$S \circ f = \sigma \circ S, \quad \text{falls} \quad \mu > 2 + \sqrt{5} \, ,$$

wobei $S : A \to \sum$ der durch (4.7) definierte Homöomorphismus ist (vgl. Satz 4.7).

Beweis: Aus dem Beweis des Satzes 4.7 geht hervor, daß jedes $x \in A$ eindeutig darstellbar ist in der Form

$$\{x\} = \bigcap_{n \in \mathbf{N}_0} I_{s_0 s_1 \ldots s_n}, \quad \text{wobei} \quad (s_0 s_1, \ldots) = S(x) \quad \text{ist} \, .$$

Aus (4.8) folgt wegen $f(I_{s_0}) = [0, 1]$

$$f(I_{s_0 s_1 \ldots s_n}) = I_{s_1} \cap f^{-1}(I_{s_2}) \cap \ldots \cap f^{-n+1}(I_{s_n}) = I_{s_1 s_2 \ldots s_n} \, .$$

Damit ist

$$S(f(x)) = S \circ f \left(\bigcap_{n \in \mathbf{N}_0} I_{s_0 s_1 \ldots s_n} \right) = S \left(\bigcap_{n \in \mathbf{N}} I_{s_1 s_2 \ldots s_n} \right) = (s_1, s_2, \ldots) = \sigma(S(x)) \, ,$$

·was den Beweis vollendet.

Aus der Folgerung zu Satz 4.4, Satz 4.5, Satz 4.7 und Satz 4.8 ergibt sich somit der

Satz 4.9: Die durch (4.5) definierte Abbildung $f : A \to A$ mit A nach (4.6) ist chaotisch, falls $\mu > 2 + \sqrt{5}$ ist.

Übung:

(1) Man zeige, daß die Abbildung $f : S^1 \to S^1$ des Einheitskreises $S^1 = \{e^{i\alpha} \mid \alpha \in I\!R\}$ in sich, die definiert ist vermöge

$$f(e^{i\alpha}) = e^{2i\alpha}, \ \alpha \in I\!R \ ,$$

chaotisch ist.

(2) Man zeige, daß die Abbildung $g : [0,1] \to [0,1]$, die definiert ist vermöge

$$g(x) = 4x(1-x), \ x \in [0,1] \ ,$$

chaotisch ist.

Anleitung: Dabei verwende man die Abbildungen $h_1 : S^1 \to [-1,1]$, definiert durch

$$h_1(e^{i\alpha}) = \cos\alpha, \ \alpha \in I\!R \ ,$$

und $h_2 : [-1,1] \to [0,1]$, definiert durch

$$h_2(x) = \frac{1}{2}(1-x), \ x \in [-1,1] \ ,$$

und zeige zunächst, daß gilt

$$h_2 \circ h_1 \circ f = g \circ h_2 \circ h_1 \ .$$

Frage: Sind f und g topologisch konjugiert?

In diesem Zusammenhang verwende man den

Satz 4.10: Sei $f : X \to X$ bzw. $g : Y \to Y$ eine stetige Abbildung eines metrischen Raumes X bzw. Y in sich, und f sei chaotisch. Gibt es dann eine stetige Abbildung h von X auf Y mit

$$h \circ f = g \circ h \ ,$$

so ist g auch chaotisch.

Beweis: Sei $y \in Y$ ein beliebiger Punkt und $W(y)$ eine beliebige Umgehung von y. Dann gibt es ein $x \in X$ mit $h(x) = y$, und $h^{-1}(W(y)) = V(x)$ ist eine Umgebung von x. Da f chaotisch ist, gibt es einen Periodenpunkt $p \in V(x)$ von f mit $f^n(p) = p$ für ein $n \in I\!N$. Setzt man $q = h(p)$, so ist $q \in W(y)$ und

$$\begin{aligned}
g^n(q) &= g^n(h(p)) = g^{n-1}(g(h(p))) \\
&= g^{n-1}(h(f(p))) = h(f^n(p)) = h(p) = q \ ,
\end{aligned}$$

d.h. q ist ein Periodenpunkt von g. Die Menge der Periodenpunkte von g ist also dicht in Y.

Nun seien V und W zwei nichtleere offene Teilmengen von Y. Dann sind $h^{-1}(V)$ und $h^{-1}(W)$ zwei nichtleere offene Teilmengen von X. Da f chaotisch ist, gibt es ein $n \in I\!N$ mit $f^n(h^{-1}(V)) \cap h^{-1}(W) \neq \phi$. Nun ist

$$
\begin{aligned}
g^n(V) &= g^n \circ h((h^{-1}(V)) = g^{n-1} \circ g \circ h(h^{-1}(V)) = g^{n-1} \circ h \circ f(h^{-1}(V)) \\
&= \ldots = h \circ f^n(h^{-1}(V)), \text{ woraus } g^n(V) \cap W \neq \phi
\end{aligned}
$$

folgt. Damit ist g auch topologisch transitiv und somit chaotisch, was den Beweis beendet.

Satz 4.5 ist eine Folgerung dieses Satzes (Beweis = Übung).

4.3   Die topologische Entropie als ein Maß für Chaos

Definition und topologische Invarianz.

Die folgenden Ausführungen stützen sich weitgehend auf die Arbeit [12] von A. Mielke.

Vorgegeben seien ein kompakter metrischer Raum X, dessen Metrik wir mit d bezeichnen, und eine stetige Abbildung $f : X \rightarrow X$.

Definition: Seien $n \in I\!N$ und $\varepsilon > 0$ beliebig gewählt. Eine nichtleere Teilmenge $M \subseteq X$ heißt (n, ε)-separiert bzgl. f, falls für jedes Paar $x \neq y$ aus M eine Zahl $m \in \{1, 2, \ldots, n\}$ existiert mit

$$
d(f^m(x), f^m(y)) > \varepsilon \ .
$$

Behauptung: Ist $M \subseteq X$ (n, ε)-separiert bzgl. f, so besteht M aus höchstens endlich vielen Elementen.

Beweis: Bestünde M aus unendlich vielen Elementen, so gäbe es einen Häufungspunkt $\hat{x} \in X$ von M und dazu eine Folge $(x_i)_{i \in I\!N}$ verschiedener Punkte in M mit $x_i \neq \hat{x}$ für alle $i \in I\!N$ und $\lim_{i \to \infty} d(x_i, \hat{x}) = 0$, was insbesondere $\lim_{i \to \infty} d(x_i, x_{i+1}) = 0$ impliziert. Auf Grund der Stetigkeit von $f^m : X \rightarrow X$ (welche die gleichmäßige Stetigkeit impliziert) für alle $m \in \{1, 2, \ldots, n\}$ gibt es ein $i(\varepsilon)$ mit

$$
d(f^m(x_i), f^m(x_{i+1})) \leq \varepsilon \quad \text{für alle} \quad m \in \{1, \ldots, n\} \quad \text{und alle} \quad i \geq i(\varepsilon) \ ,
$$

ein Widerspruch gegen die (n, ε)-Separiertheit von M bzgl. f, der den Beweis vollendet. Für jedes $n \in I\!N$ und $\varepsilon > 0$ setzen wir

$$
s(f, n, \varepsilon) = \sup\{\#M : M \subseteq X \text{ ist } (n, \varepsilon)\text{-separiert bzgl. } f\} \ ,
$$

wobei $\#$ die Anzahl der Elemente von M bedeutet, und definieren

$$h(f,\varepsilon) = \limsup_{n \to \infty} \frac{1}{n} \ell n(s(f,n,\varepsilon)) \ .$$

Sei $\varepsilon_2 > \varepsilon_1 > 0$. Dann ist jede (n,ε_2)-separierte Teilmenge von X bzgl. f auch (n,ε_1)-separiert, woraus

$$s(f,n,\varepsilon_1) \geq s(f,n,\varepsilon_2) \quad \text{und weiter} \quad h(f,\varepsilon_1) \geq h(f,\varepsilon_2)$$

folgt. Die topologische Entropie von f ist dann definiert durch

$$h(f) = \lim_{\varepsilon \to 0+} h(f,\varepsilon) = \sup_{0 < \varepsilon < \varepsilon_0} h(f,\varepsilon) \quad \text{für alle} \quad \varepsilon_0 > 0 \ .$$

Satz 4.11: Seien X_1 und X_2 zwei kompakte metrische Räume mit Metriken d_1 und d_2, und seien $f_i : X_i \to X_i$ für $i = 1,2$ zwei stetige Abbildungen. Gibt es dann eine injektive stetige Abbildung $g : X_1 \to X_2$ mit $f_2 \circ g = g \circ f_1$, so folgt $h(f_1) \leq h(f_2)$.

Beweis: Da $g : X_1 \to X_2$ umkehrbar eindeutig und stetig ist, ist die Umkehrabbildung $g^{-1} : g(X_1) \to X_1$ ein Homöomorphismus und somit insbesondere gleichmäßig stetig. Zu jedem $\varepsilon > 0$ gibt es daher ein $\delta(\varepsilon) > 0$ mit

$$\lim_{\varepsilon \to 0+} \delta(\varepsilon) = 0 \quad \text{und} \quad d_2(g(x),g(y)) \leq \delta(\varepsilon) \Longrightarrow d_1(x,y) \leq \varepsilon \ .$$

Letztere Implikation ist gleichbedeutend mit

$$d_1(x,y) > \varepsilon \Longrightarrow d_2(g(x),g(y)) > \delta(\varepsilon) \ .$$

Nun sei $M_1 \subseteq X_1$ (n,ε)-separiert bzgl. f_1, d.h., zu $x \neq y$ in M_1 gibt es ein $m \in \{1,\dots,n\}$ mit $d_1(f_1^m(x),f_1^m(y)) > \varepsilon$. Hieraus folgt

$$d_2(f_2^m(g(x)),f_2^m(g(y))) = d_2(g(f_1^m(x)),g(f_1^m(y))) > \delta(\varepsilon) \ .$$

Wegen $g(x) \neq g(y) \Longleftrightarrow x \neq y$ folgt, daß $g(M_1) \subseteq g(X_1)$ $(n,\delta(\varepsilon))$-separiert bzgl. f_2 ist. Hieraus folgt

$$s(f_1,n,\varepsilon) \leq s(f_2,n,\delta(\varepsilon))$$

und weiter $h(f_1,\varepsilon) \leq h(f_2,\delta(\varepsilon))$ was schließlich $h(f_1) \leq h(f_2)$ impliziert.

Satz 4.12: Unter den Voraussetzungen von Satz 4.11 gebe es eine surjektive stetige Abbildung $g : X_1 \to X_2$ mit $f_2 \circ g = g \circ f_1$. Dann folgt $h(f_2) \leq h(f_1)$.

Beweis: Da $g : X_1 \to X_2$ gleichmäßig stetig ist, gibt es zu jedem $\varepsilon > 0$ ein $\delta(\varepsilon) > 0$ mit

$$\lim_{\varepsilon \to 0+} \delta(\varepsilon) = 0 \quad \text{und} \quad d_1(x,y) \leq \delta(\varepsilon) \implies d_2(g(x),g(y)) \leq \varepsilon .$$

Die Implikation ist gleichbedeutend mit

$$d_2(g(x),g(y)) > \varepsilon \implies d_1(x,y) > \delta(\varepsilon) .$$

Nun sei $M_2 \subseteq X_2$ (n,ε)-separiert bzgl. f_2, d.h., zu $u \neq v$ in M_2 gibt es ein $m \in \{1,\ldots,n\}$ mit $d_2(f_2^m(u), f_2^m(v)) > \varepsilon$.

Seien $x,y \in X_1$ mit $u = g(x)$ und $v = g(y)$ vorgegeben. Dann folgt $x \neq y$ und

$$d_2(g(f_1^m(x)), g(f_1^m(y))) = d_2(f_2^m(u), f_2^m(v)) > \varepsilon .$$

Daraus folgt $d_1(f_1^m(x), f_1^m(y)) > \delta(\varepsilon)$ für ein $m \in \{1,\ldots,n\}$.

Damit ist $g^{-1}(M_2) \subseteq X_2$ $(n,\delta(\varepsilon))$-separiert bzgl. f_1.

Wegen $\# M_2 \leq \# g^{-1}(M_2)$ ergibt sich

$$s(f_2,n,\varepsilon) \leq s(f_1,n,\delta(\varepsilon))$$

und weiter $h(f_2,\varepsilon) \leq h(f_1,\delta(\varepsilon))$, was schließlich $h(f_2) \leq h(f_1)$ impliziert.

Als Folgerung aus Satz 4.11 und Satz 4.12 ergibt sich der

Satz 4.13: Sind die stetigen Abbildungen $f_1 : X_1 \to X_1$ und $f_2 : X_2 \to X_2$ zweier kompakter metrischer Räume X_1 und X_2 topologisch konjugiert, so folgt $h(f_1) = h(f_2)$.

Man nennt diese Eigenschaft der topologischen Entropie ihre topologische Invarianz.

Definition: Eine stetige Abbildung $f : X \to X$ eines kompakten metrischen Raumes X in sich, heißt Unordnungs-chaotisch, wenn die topologische Entropie $h(f)$ von f positiv ist ($h(f) \geq 0$ ergibt sich direkt aus der Definition).

Die topologische Entropie der Shift-Abbildung.

In Abschnitt 4.1.1 haben wir den Raum $\sum$ der $0-1$-Folgen $s = (s_0, s_1, s_2, \ldots)$ mit $s_j = 0$ oder 1 für jedes $j \in I\!N_0$ betrachtet und durch Definition einer Metrik vermöge

$$d(s,t) = \sum_{i=0}^{\infty} \frac{|s_i - t_i|}{2^i} \quad \text{für} \quad s,t \in \sum$$

zu einem metrischen Raum gemacht.

Dieser Raum ist kompakt; denn vermöge der Zuordnung

$$s = (s_0, s_1, \ldots,) \to d(s) = \sum_{i=0}^{\infty} \frac{s_i}{2^i}$$

erweist er sich als homöomorph zum kompakten Intervall $[0, 2]$. Die Shift-Abbildung $\sigma :$ $\sum \to \sum$ ist definiert vermöge

$$\sigma(s_0, s_1, s_2, \ldots) = (s_1, s_2, s_3, \ldots)$$

und ist nach Satz 4.3 stetig. Es gilt sogar

$$d(\sigma(s), \sigma(t)) \leq 2d(s, t) \quad \text{für} \quad s, t \in \sum \, ,$$

was zeigt, daß σ sogar Lipschitz-stetig ist.

Gesucht ist die topologische Entropie $h(\sigma)$ von σ. Wir geben zunächst eine untere Schranke für $h(\sigma)$ an. Dazu betrachten wir für jedes $n \in I\!N$ die Teilmenge

$$\textstyle\sum_n = \{s \in \sum \mid s_{k+n} = s_k \; \text{für alle} \; k \in I\!N_0\}$$

von $\sum$. Gegeben seien $s, t \in \sum_n$ mit $s \neq t$; dann ist für jedes $m \in \{1, \ldots, n\}$

$$d(\sigma^m(s), \sigma^m(t)) = \sum_{k=0}^{\infty} \frac{1}{2^k} |\, s_{k+m} - t_{k+m}| \, ,$$

mithin

$$d(\sigma^m(s), \sigma^m(t)) \geq 1, \quad \text{falls} \; s_m \neq t_m \, .$$

$\sum_n$ ist also (n, ε)-separiert bzgl. σ für jedes $\varepsilon \in (0, 1)$. Daraus folgt

$$2^n = \#\textstyle\sum_n \leq s(\sigma, n, \varepsilon) \quad \text{für alle} \quad \varepsilon \in (0, 1)$$

und weiter

$$\ell n\, 2 \leq \frac{1}{n} \limsup_{n \to \infty} s(\sigma, n, \varepsilon) = h(\sigma, \varepsilon) \quad \text{für alle} \quad \varepsilon \in (0, 1) \, ,$$

was

$$\ell n\, 2 \leq h(\sigma)$$

impliziert.

Als nächstes bestimmen wir eine obere Schranke für $h(\sigma)$. Dazu gehen wir aus von der Implikation

$$d(\sigma^m(s), \sigma^m(t)) > 2^{1-N} \; \text{für ein} \; m \in \{1, \ldots, n\}) \implies d(s, t) > 2^{1-(N+m)}$$

$$\text{für jedes Paar} \quad n, N \in I\!N \, .$$

Wählt man nun $\varepsilon = 2^{1-N}$ und nimmt an, $M \subseteq \sum$ sei (n, ε)-separiert bzgl. σ, dann gibt es zu jedem Paar $s, t \in M$ mit $s \neq t$ ein $m \in \{1, \ldots, n\}$ derart, daß gilt

$$d(\sigma^m(s), \sigma^m(t)) > \varepsilon, \quad \text{was} \; d(s, t) > 2^{1-(N+m)} \; \text{impliziert} \, .$$

Hieraus ergibt sich mit dem Hilfssatz aus Abschnitt 4.1, daß gilt

$$s_k \neq t_k \quad \text{für ein} \quad k \in \{0, \ldots, N+n-1\} \; .$$

Daraus folgt

$$s(\sigma, n, \frac{1}{2^{N-1}}) \leq \# \textstyle\sum_{N+n} = 2^{N+n} \; ,$$

und es ist

$$\frac{1}{n} \ell n(s(\sigma, n, \frac{1}{2^{N-1}})) \leq (1 + \frac{N}{n}) \, \ell n \, 2 \; .$$

Hieraus folgt weiter

$$h(\sigma, \frac{1}{2^{N-1}}) = \limsup_{n \to \infty} \frac{1}{n} \, \ell n \, (s(\sigma, n, \frac{1}{2^{N-1}})) \leq \ell n \, 2$$

für alle $N \in I\!N$ und somit $h(\sigma) \leq \ell n \, 2$, was mit dem obigen Resultat $h(\sigma) = \ell n \, 2$ impliziert.

Um Unordnungschaos für eindimensionale Abbildungen nachweisen zu können, ist es nützlich, die topologische Entropie der Shift-Abbildung auf geeigneten Teilräumen von $\sum$ zu berechnen. Zu dem Zweck führen wir 2×2-Matrizen

$$A = \begin{pmatrix} a_{00} & a_{01} \\ a_{10} & a_{11} \end{pmatrix}$$

ein mit $a_{ij} = 0$ oder 1 für $i, j = 0, 1$. Damit definieren wir den metrischen Teilraum $\sum^A$ von $\sum$ vermöge

$$\textstyle\sum^A = \{(s_i)_{i \in I\!N_0} \in \{0,1\}^{I\!N_0} | \; a_{s_i \, s_{i+1}} = 1 \text{ für alle } i \in I\!N_0\} \; .$$

Behauptung: $\sum^A$ ist abgeschlossen und somit kompakt.

Beweis: Sei $(s^k)_{k \in I\!N_0}$ eine Folge in $\sum^A$ mit $s^k \to t$ für ein $t \in \sum$.

Annahme: $t \notin \sum^A$. Dann gibt es ein kleinstes $i_0 \in I\!N_0$ mit $a_{t_{i_0} t_{i_0+1}} = 0$. Wegen $s^k \to t$ gibt es ein $k_0 \in I\!N$ mit

$$d(s^k, t) < \frac{1}{2^{i_0+1}} \quad \text{für alle} \quad k \geq k_0 \; .$$

Nach dem Hilfssatz in Abschnitt 4.1. folgt daher notwendig

$$s_i^k = t_i \quad \text{für alle} \quad i = 0, \ldots, i_0 + 1 \quad \text{und alle} \quad k \geq k_0 \; .$$

Wegen $s^k \in \sum^A$ für alle $k \in I\!N_0$ folgt daraus aber $a_{t_{i_0} t_{i_0+1}} = 1$, ein Widerspruch, der die Behauptung beweist.

Offenbar gilt $\sigma(\sum^A) \subseteq \sum^A$, so daß σ auch auf $\sum^A$ ein dynamisches System definiert. Wir bezeichnen die Restriktion von σ auf $\sum^A$ mit σ_A und nennen diese Abbildung einen Untershift.

Frage: Wie berechnet man die topologische Entropie von σ_A?

Dazu haben wir schon Vorarbeit geleistet. Aus den obigen Betrachtungen ergeben sich die beiden folgenden Aussagen:

$$|\sum_n^A| \leq s(\sigma_A, n, \varepsilon) \quad \text{für alle} \quad \varepsilon \in (0,1) \quad \text{und alle} \quad n \in I\!N$$

und

$$s(\sigma_A, n, \frac{1}{2^{N-1}}) \leq |\sum_{N+1}^A| \quad \text{für alle} \quad n, N \in I\!N \,.$$

Dabei ist für jedes $n \in I\!N$

$$\sum_n^A = \{(s_0 s_1 \ldots s_{n-1}\, s_0\, s_1 \ldots s_{n-1} \ldots) \in \sum | a_{s_0 s_1} = 1, \ldots, a_{s_{n-2} s_{n-1}} = 1\} \,.$$

Sei $e = (1,1)^T$, und für jedes $n \in I\!N$ sei

$$a(n) = \begin{pmatrix} a_0(n) \\ a_1(n) \end{pmatrix} = A^{n-1}\, e \,.$$

Behauptung: Für jedes $n \in I\!N$ gilt

$$|\sum_n^A| = \|A^{n-1}\, e\|_1 = a_0(n) + a_1(n) \,.$$

Beweis: Sei $n = 1$; dann ist

$$\sum_1^A = \{(s_0\, s_0 \ldots)|\ s_0 = 0 \text{ oder } s_0 = 1\}$$

und somit

$$|\sum_1^A| = 2 = a_0(1) + a_1(1) \,.$$

Sei $n = 2$; dann ist

$$|\sum_2^A| = a_{00} + a_{01} + a_{10} + a_{11} = \|Ae\|_1 = a_0(2) + a_1(2) \,.$$

Sei $n = 3$; dann ist

$$|\Sigma_3^A| = a_{00}^2 + a_{01}\,a_{10} + a_{10}\,a_{00} + a_{11}\,a_{10}$$
$$+ \; a_{00}\,a_{01} + a_{01}\,a_{11} + a_{10}\,a_{01} + a_{11}^2 \; .$$

Nun ist

$$A^2 = \begin{pmatrix} a_{00}^2 \;\;+\;\; a_{01}\,a_{10} & a_{00}\,a_{01} \;\;+\;\; a_{01}\,a_{11} \\ a_{10}\,a_{00} \;\;+\;\; a_{11}\,a_{10} & a_{10}\,a_{01} \;\;+\;\; a_{11}^2 \end{pmatrix} ,$$

woraus

$$|\Sigma_3^A| = \|A^2\,e\|_1 = a_0(3) + a_0(3)$$

folgt.

Allgemein für $n \geq 2$ gilt

$$|\Sigma_n^A| = \text{Summe aller Produkte } a_{s_0\,s_1}\,a_{s_1\,s_2}\cdots a_{s_{n-2}\,s_{n-1}}$$
$$\text{mit } s_i = 0 \text{ oder } 1 \text{ für } i = 0,\dots,n-1$$
$$= \|A^{n-1}\,e\|_1 = a_0(n) + a_1(n) \; .$$

Damit ergibt sich aus der ersten der beiden obigen Aussagen für alle $\varepsilon \in (0,1)$ und alle $n \in I\!N$

$$\frac{1}{n}\,\ell n(a_0(n) + a_1(n)) \leq \frac{1}{n}\,\ell n\,s(\sigma_A, n, \varepsilon)$$

und aus der zweiten für alle $n \in I\!N$

$$\frac{1}{n}\,\ell n\,s(\sigma_A, n, \frac{1}{2^{N-1}}) \leq \frac{1}{n}\,\ell n(a_0(N + n) + a_1(N + n)) \; .$$

Nun ist

$$\begin{pmatrix} a_0(N + n) \\ a_1(N + n) \end{pmatrix} = A^N \begin{pmatrix} a_0(n) \\ a_1(n) \end{pmatrix} = \begin{pmatrix} b_{00}^N & b_{01}^N \\ b_{10}^N & b_{11}^N \end{pmatrix} \begin{pmatrix} a_0(n) \\ a_1(n) \end{pmatrix} ,$$

mithin

$$a_0(N + n) + a_1(N + n) = (b_{00}^{(N)} + b_{10}^{(N)})\,a_0(n) + (b_{01}^{(N)} + b_{11}^{(N)})\,a_1(n)$$
$$\leq \max(b_{00}^{(N)} + b_{10}^{(N)}, b_{01}^{(N)} + b_{11}^{(N)})(a_0(n) + a_1(n)) = \gamma_N(a_0(n) + a_1(n)) \; .$$

Daraus folgt

$$\frac{1}{n}\,\ell n\,(a_0(N + n) + a_1(N + n)) \leq \frac{1}{n}\,\ell n\,(a_0(n) + a_1(n)) + \frac{1}{n}\,\ell n\,\gamma_N$$

und weiter

$$\limsup_{n\to\infty} \frac{1}{n}\,s(\sigma_A, n, \frac{1}{2^{N-1}}) \leq \limsup_{n\to\infty} \frac{1}{n}\,\ell n\,(a_0(n) + a_1(n))$$

für alle $N \in I\!N$. Andererseits ist

$$\limsup_{n\to\infty} \frac{1}{n} \ell n \left(a_0(n) + a_1(n)\right) \leq \limsup_{n\to\infty} \frac{1}{n} \ell n \, s(\sigma_A, n, \varepsilon)$$

für alle $\varepsilon \in (0,1)$.

Damit erhalten wir für alle $N \geq 2$

$$h(\sigma_A, \frac{1}{2^{N-1}}) = \limsup_{n\to\infty} \frac{1}{n} \ell n \left(a_0(n) + a_1(n)\right)$$

und somit

$$h(\sigma_A) = \limsup_{n\to\infty} \frac{1}{n} \ell n (a_0(n) + a_1(n)) \ .$$

Ohne Beweis benutzen wir die Aussage

$$\lim_{n\to\infty} \frac{1}{n} \ell n (\|A^{n-1} e\|_1) = \ell n(\lambda(A)) \ ,$$

wobei $\lambda(A)$ der größte Eigenwert von A ist. Dann ergibt sich der

Satz 4.14: Die Entropie von σ_A ist gegeben durch

$$h(\sigma_A) = \ell n(\lambda(A)) \ .$$

Beispiel: $A = \begin{pmatrix} 0 & 1 \\ 1 & 1 \end{pmatrix}.$

In diesem Fall ist $\lambda(A) = \frac{1}{2}(1 + \sqrt{5})$ und somit

$$h(\sigma_A) = \ell n(\frac{1}{2}(1 + \sqrt{5})) > 0 \ .$$

Wir wollen dieses Ergebnis anwenden, um zu zeigen, daß eine stetige Abbildung $f : I\!R \to I\!R$, die eine Dreierperiode besitzt, auf einer geeigneten Teilmenge $J \subseteq I\!R$ Unordnungschaotisch ist. Gegeben seien drei Punkte $a, b, c \in I\!R$ mit $a < b < c$ und $f(a) = b$, $f(b) = c$ und $f(c) = a$. Wir setzen $I_0 = [a, b]$ und $I_1 = [b, c]$. Dann folgt

$$I_1 \subseteq f(I_0) \quad \text{und} \quad I_0 \cup I_1 \subseteq f(I_1), \ \text{i.a. aber} \ I_0 \not\subseteq f(I_0) \ .$$

Wir nehmen sogar an, es sei $I_0 \cap f(I_0) = \{b\}$. Definiert man für $i, j = 0.1$

$$a_{ij} = \begin{cases} 0, & \text{falls} \quad I_i \not\subseteq f(I_j), \\ 1, & \text{falls} \quad I_i \subseteq f(I_j), \end{cases}$$

so erhält man die Matrix

$$A = \begin{pmatrix} 0 & 1 \\ 1 & 1 \end{pmatrix} .$$

Definiert man für jedes $n \in I\!N_0$ die Menge

$$J_n = \{x \in J_0 |\ f^n(x) \in J_0\}, \quad \text{wobei} \quad J_0 = [a,c] = I_0 \cup I_1 ,$$

so ist $J = \bigcap_{n \in I\!N_0} J_n$ eine nichtleere, kompakte Teilmenge von $I\!R$ mit $f(J) \subseteq J$; denn die J_n sind als stetige Urbilder von J_0 abgeschlossene Teilmengen des kompakten Intervalles J_0. Wäre J leer, so müßte bereits ein endlicher Durchschnitt $\bigcap_{n \in I\!N_0} J_n$ leer sein, was nicht der Fall ist. Nun sei $x \in J$ vorgegeben. Dann folgt $f^n(f(x)) \in J_0$, d.h. $f(x) \in J$, mithin $f(J) \subseteq J$.

Schließlich definieren wir noch die Abbildung $S : J \to \sum$ vermöge $S(x) = (s_0 s_1 s_2 \ldots)$, wobei

$$s_j = \begin{cases} 0, & \text{falls} \quad f^j(x) \in [a,b) , \\ 1, & \text{falls} \quad f^j(x) \in [b,c] . \end{cases}$$

Offenbar gilt

$$s_j = 0 \implies s_{j+1} = 1 \quad \text{und} \quad s_j = 1 \implies s_{j+1} = 0 \quad \text{oder} \quad s_{j+1} = 1 .$$

Hieraus folgt $f(J) \subseteq \sum^A$.

Behauptung 1: Die Abbildung $S : J \to \sum^A$ ist surjektiv.

Beweis: Sei $(s_0 s_1 s_2 \ldots) \in \sum^A$ vorgegeben. Dann ist notwendig

$$I_{s_1} \subseteq f(I_{s_0}) , \quad I_{s_2} \subseteq f(I_{s_1}), \ldots, I_{s_n} \subseteq f(I_{s_{n-1}}) \quad \text{für jedes} \quad n \in I\!N .$$

Setzt man $A_i = I_{s_i}$ für $i \in I\!N_0$, so ist

$$A_{i+1} \subseteq f(A_i) \quad \text{für} \quad i \in I\!N_0 .$$

Dann gibt es zu jedem $i \in I\!N_0$ ein abgeschlossenes Intervall

$$B_i \subseteq A_0 = I_{s_0} \quad \text{mit} \quad B_{i+1} \subseteq B_i \quad \text{und} \quad f^i(B_i) = A_i = I_{s_i} .$$

Um das einzusehen, setzen wir $B_0 = A_0$ und erhalten $f^0(B_0) = A_0$. Nun sei B_i für $i \in I\!N_0$ bereits definiert, so daß gilt

$$B_i \subseteq A_0 \quad \text{und} \quad f^i(B_i) = A_i .$$

Nach Annahme ist $A_{i+1} \subseteq f(A_i)$, woraus folgt, daß $A_{i+1} \subseteq f^{i+1}(B_i)$ ist. Daraus folgt weiter die Existenz eines abgeschlossenen Intervalles $B_{i+1} \subseteq B_i$ mit $f^{i+1}(B_{i+1}) = A_{i+1}$ (Beweis = Übung).

Setzt man $B = \bigcap\limits_{n \in I\!N_0} B_n$, so ist B nicht-leer und kompakt (gleiche Argumentation wie für J), und es gilt

$$f^n(x) \in I_{s_n} \quad \text{für alle} \quad x \in B \quad \text{und alle} \quad n \in I\!N_0 \ .$$

Somit ist $B \subseteq J$ und $(s_0 s_1 s_2 \ldots) = S(x)$ für alle $x \in B$.

Behauptung 2: Die Abbildung $S : J \to \sum^A$ ist stetig.

Beweis: Seien $x \in J$ und $\varepsilon > 0$ beliebig gewählt. Dann wählen wir $n \in I\!N_0$ so, daß gilt $\frac{1}{2^n} < \varepsilon$. Sei $S(x) = (s_0 s_1 s_2 \ldots)$. Zu dieser Folge in $\sum^A$ denken wir uns die Folge $B_i \subseteq I_{s_0}, i \in I\!N_0$, wie im Beweis von Behauptung 1 konstruiert, so daß insbesondere gilt $x \in B = \bigcap\limits_{i=0}^{\infty} B_i$ und

$$f^i(S(x)) \in I_{s_i} \quad \text{für alle} \quad i \in I\!N_0 \ .$$

Nun sei $y \in B_n$ beliebig gewählt. Dann ist

$$f^i(y) \in I_{s_i} \quad \text{für alle} \quad i = 0, \ldots, n \ ,$$

mithin

$$S(y)_j = s_j = S(x)_j \quad \text{für} \quad j = 0, \ldots, n \ .$$

Nach dem Hilfssatz in Abschnitt 4.1 ist daher

$$d(S(x), S(y)) \leq \frac{1}{2^n} < \varepsilon \ ,$$

was die Stetigkeit von S beweist.

Weiterhin ergibt sich aus der Definition von S die Aussage

$$S \circ f = \sigma_A \circ S \ ,$$

so daß sich aus Satz 4.12 und Satz 4.14 die Aussage

$$h(f) \geq h(\sigma_A) = \ell n (\frac{1}{2}(1 + \sqrt{5}))$$

ergibt.

Damit ist die obige Abbildung $f : I\!R \to I\!R$ auf J Unordnungs-chaotisch.

4.4 Chaos im Sinne von Li und Yorke

Im Jahre 1975 haben Tien-Yien Li und James A. Yorke den folgenden Chaosbegriff eingeführt: Gegeben sei eine stetige Funktion $f : J \to J$, wobei $J \subseteq I\!R$ ein endliches abgeschlossenes Intervall ist. Diese Funktion heißt *chaotisch (im Sinne von Li und Yorke)*,, wenn eine überabzählbare Menge $S \subseteq J$ ohne Periodenpunkte existiert mit den folgenden Eigenschaften:

(a) Für jedes Paar $p, q \in S$ mit $p \neq q$ gilt

$$\limsup_{n \to \infty} |f^n(p) - f^n(q)| > 0 \qquad (4.9)$$

und

$$\liminf_{n \to \infty} |f^n(p) - f^n(q)| = 0 \ . \qquad (4.10)$$

(b) Für jedes $p \in S$ und jeden Periodenpunkt $q \in J$ gilt

$$\limsup_{n \to \infty} |f^n(p) - f^n(q)| > 0 \ .$$

In einer Arbeit mit dem Titel "Period Three Implies Chaos", auf die wir uns im folgenden im Wesentlichen stützen, wird von Li und Yorke der folgende Satz bewiesen.

Satz 4.15: Gibt es drei Punkte $a, b, c \in J$ mit $a < b < c$ derart, daß gilt $f(a) = b$, $f(b) = c$ und $f(c) = a$, so ist f chaotisch im obigen Sinne.
Im Zusammenhang mit diesem Satz wird der folgende Satz bewiesen.

Satz 4.16: Unter den Voraussetzungen von Satz 4.15 gibt es für jedes $k \in I\!N$ einen Punkt $x_k \in J$ mit $f^k(x_k) = x_k$ und $f^j(x_k) \neq x_k$ für alle $j = 1, \ldots, k - 1$.
Zum Beweis dieses Satzes benötigen wir drei Hilfssätze.

Lemma 1: Seien $I, J \subseteq I\!R$ zwei abgeschlossene echte Intervalle mit $I \subseteq J$ und $f(I) \supseteq J$ (wobei $f : J \to I\!R$ eine stetige Funktion ist). Dann gibt es ein abgeschlossenes Teilintervall $I_1 \subseteq I$ mit $f(I_1) = J$.

Beweis: Sei $J = [f(p), f(q)]$ für $p, q \in I$.
Ist $p < q$, so gibt es ein $\hat{r} \in [p, q]$ mit

$$\hat{r} = \max\{r \in [p, q] |\ f(r) = f(p)\}$$

und ein $\hat{s} = [\hat{r}, q]$ mit

$$\hat{s} = \min\{s \in [\hat{r}, q] |\ f(s) = f(q)\} \ .$$

Setzt man $I_1 = [\hat{r}, \hat{s}]$, so ist $I_1 \subseteq I$ und $f(I_1) = J$. Analog schließt man im Falle $p > q$.

Lemma 2: Sei $J \subseteq I\!\!R$ ein echtes abgeschlossenes Intervall, und $f : J \to J$ sei stetig. Weiter sei $(I_n)_{n \in I\!\!N_0}$ eine Folge echter abgeschlossener Intervalle $I_n \subseteq J$ mit $I_{n+1} \subseteq f(I_n)$ für alle $n \in I\!\!N_0$. Dann gibt es eine Folge $(Q_n)_{n \in I\!\!N_0}$ abgeschlossener Intervalle $Q_n \subseteq J$ mit

$$Q_n \subseteq Q_{n-1} \subseteq I_0 \quad \text{und} \quad f^n(Q_n) = I_n \quad \text{für alle} \quad n \in I\!\!N_0 \,,$$

woraus folgt, daß gilt

$$f^n(x) \in I_n \quad \text{für alle} \quad n \in I\!\!N_0 \quad \text{und} \quad x \in Q = \bigcap_{n \in I\!\!N_0} Q_n \,.$$

Beweis: Setzt man $Q_0 = I_0$, dann ist $f^0(Q_0) = I_0$. Sei Q_{n-1} für ein $n \in I\!\!N$ bereits definiert, so daß gilt

$$Q_{n-1} \subseteq I_0 \quad \text{und} \quad f^{n-1}(Q_{n-1}) = I_{n-1} \,.$$

Nach Annahme ist $I_n \subseteq f^n(Q_{n-1})$. Aus Lemma 1 mit $I = Q_{n-1}$, $J = I_n$ und f^n anstelle von f folgt daher die Existenz eines abgeschlossenen Intervalles $Q_n \subseteq Q_{n-1} \subseteq I_0$ mit $f^n(Q_n) = I_n$. Die Existenz der Folge $(Q_n)_{n \in I\!\!N_0}$ mit den angegebenen Eigenschaften ergibt sich damit aus dem Prinzip der vollständigen Induktion.

Lemma 3: Seien $I \subseteq J \subseteq I\!\!R$ echte abgeschlossene Intervalle. Ferner sei $g : J \to I\!\!R$ stetig und $I \subseteq g(I)$. Dann gibt es einen Punkt $\hat{x} \in I$ mit $g(\hat{x}) = \hat{x}$.

Beweis: Sei $I = [\beta_0, \beta_1]$. Dann wähle man $\alpha_0, \alpha_1 \in I$ so, daß gilt $\beta_0 = g(\alpha_0)$ und $\beta_1 = g(\alpha_1)$. Daraus folgt

$$g(\alpha_0) - \alpha_0 \leq 0 \quad \text{und} \quad g(\alpha_1) - \alpha_1 \geq 0 \,.$$

Da g stetig ist, gibt es ein $\hat{x} \in I$ mit $g(\hat{x}) - \hat{x} = 0$, was den Beweis vollendet.

Nach diesen Vorbereitungen kommen wir jetzt zum

Beweis von Satz 4.16: Aus den Voraussetzungen des Satzes ergibt sich auf Grund des Zwischenwertsatzes für stetige Funktionen

$$[b, c] \subseteq f([a, b]) \quad \text{und} \quad [a, c] \subseteq f([b, c]) \,. \tag{$*$}$$

Insbesondere ist also $[b,c] \subseteq f([b,c])$, woraus sich mit Lemma 3 ein $x_1 \in [b,c]$ ergibt, so daß gilt $f(x_1) = x_1$. Damit ist die Behauptung für $k = 1$ bewiesen. Sei $k > 1$ vorgegeben. Dann definieren wir eine Folge $(I_n)_{n \in I\!N_0}$ von Intervallen $I_n \subseteq J$ vermöge

$$I_n = [b,c] \quad \text{für} \quad n = 0, \ldots, k-2 \ , \quad I_{k-1} = [a,b]$$

und

$$I_{n+k} = I_n \quad \text{für} \quad n = 0, 1, 2, \ldots \ .$$

Aus $(*)$ folgt sodann $I_{n+1} \subseteq f(I_n)$ für alle $n \in I\!N_0$.

Nach Lemma 2 gibt es ein abgeschlossenes Intervall $Q_k \subseteq I_0$ mit $f^k(Q_k) = I_k = I_0$. Nach Lemma 3 mit $g = f^k$, $I = Q_k$ und $J = I_0$ gibt es daher ein $x_k \in Q_k$ mit $f^k(x_k) = x_k$.

Sei o.B.d.A. $k \neq 3$.

Annahme: $f^j(x_k) = x_k$ für ein $j \in \{1, \ldots, k-1\}$. Wegen $f^j(Q_j) = I_j = I_0$ für $j = 0, \ldots, k-2$ folgt

$$f^{k-1}(x_k) = f^{k-j-1} \circ f^j(x_k) = f^{k-j-1}(x_k) \in I_0 = [b,c] \ .$$

Andererseits ist

$$f^{k-1}(x_k) \in f^{k-1}(Q_{k-1}) = I_{k-1} = [a,b] \ .$$

Damit ist $f^{k-1}(x_k) = b$ und somit $x_k = f^k(x_k) = c$. Das ist aber nur möglich für $k = 3$. Damit ist die obige Annahme falsch und der Satz 4.16 bewiesen.
Dieser ist enthalten im

Theorem von Sarkovskii: Sei $f : I\!R \to I\!R$ stetig und besitze einen Periodenpunkt der Periode k. Dann besitzt f für jedes $\ell \in I\!N$ mit $k \rhd \ell$ ebenfalls einen Periodenpunkt der Periode ℓ. Dabei ist "$\rhd$" eine Ordnungsrelation der natürlichen Zahlen gemäß

$$\underbrace{3 \rhd 5 \rhd 7 \rhd \ldots}_{\text{ungerade Zahlen}} \rhd 2 \cdot 3 \rhd 2 \cdot 5 \rhd 2 \cdot 7 \rhd \ldots \rhd 2^2 \cdot 3 \rhd 2^2 \cdot 5 \rhd 2^2 \cdot 7 \rhd \ldots$$
$$\ldots \rhd 2^3 \cdot 3 \rhd 2^3 \cdot 5 \rhd 2^3 \cdot 7 \rhd \ldots \rhd 2^3 \rhd 2^2 \rhd 2 \rhd 1 \ .$$

Wir wollen auf den Beweis dieses Theorems nicht eingehen und verweisen dazu auf das Buch "Introduction to Chaotic Dynamics" von Robert L. Devaney.

Ein Beispiel für Satz 4.16 ist die quadratische Funktion $f(x) = \mu x(1 - x)$, $x \in J = [0,1]$, für $\mu \approx 3.839$. Man bestätigt durch Nachrechnen, daß f eine Dreierperiode besitzt, die näherungsweise gegeben ist durch

$$a = 0.149888 \ , \quad b = 0.489172 \ , \quad c = 0.959299 \ .$$

Beweis von Satz 4.15: Sei $\mathcal{M}$ die Menge aller Folgen $M = (M_n)_{n \in I\!N}$ von abgeschlossenen endlichen Intervallen mit

$$M_n = [a,b] \quad \text{oder} \quad M_n \subseteq [b,c] \quad \text{und} \quad f(M_n) \supseteq M_{n+1} \ . \tag{A.1}$$

Wenn $M_n = [a,b]$, dann ist n das Quadrat einer natürlichen Zahl

und $M_{n+1}, M_{n+2} \subseteq [b,c]$. $\tag{A.2}$

Wenn n das Quadrat einer natürlichen Zahl ist, so ist das für $n+1$ und $n+2$ nicht der Fall, so daß die Forderung $M_{n+1}, M_{n+2} \subseteq [b,c]$ in $(A.2)$ redundant ist. Für jedes $M \in \mathcal{M}$ sei $P(M,n)$ die Anzahl derjenigen $i \in \{1,\ldots,n\}$ mit $M_i = [a,b]$. Für jedes $r \in (\frac{3}{4},1)$ sei $M^r = (M_n^r)_{n \in \mathbb{N}}$ eine Folge in $\mathcal{M}$ mit

$$\lim_{n \to \infty} P(M^r, n^2)/n = r \ . \tag{A.3}$$

Sei $\mathcal{M}_0 = \{M^r : r \in (\frac{3}{4},1)\}$. Dann ist $\mathcal{M}_0$ überabzählbar, da $M^{r_1} \neq M^{r_2}$, falls $r_1 \neq r_2$. Für jedes $M^r \in \mathcal{M}_0$ gibt es nach Lemma 2 einen Punkt $x_r \in [a,c]$ mit $f^n(x_r) \in M_n^r$ für alle $n \in \mathbb{N}$. Setze

$$S = \{x_r \in [a,c] \mid r \in (\frac{3}{4},1)\} \ .$$

Dann ist S überabzählbar. Für jedes $x \in S$ sei $P(x,n)$ die Anzahl der $i \in \{1,\ldots,n\}$ mit $f^i(x) \in [a,b]$. Es ist sicher niemals $f^k(x_r) = b$ für $x_r \in S$; denn $f^k(x_r)$ hätte sonst die Periode 3, was nach $(A.2)$ nicht möglich ist. Folglich ist

$$P(x_r, n) = P(M^r, n) \quad \text{für alle} \quad n \in \mathbb{N}$$

und somit

$$\rho(x_r) = \lim_{n \to \infty} P(x_r, n^2)/n = r$$

für alle $r \in (\frac{3}{4},1)$. Behauptung:

Für $p,q \in S$ mit $p \neq q$ gibt es unendlich viele $n \in \mathbb{N}$ derart,

daß gilt $f^n(p) \in [a,b]$ und $f^n(q) \in [b,c]$ oder vice versa. $\tag{A.4}$

Wir können $\rho(p) > \rho(q)$ annehmen. Dann folgt

$$\lim_{n \to \infty} (P(p,n) - P(q,n)) = \infty \ .$$

Daraus folgt, daß es unendlich viele $n \in \mathbb{N}$ gibt mit

$$f^n(p) \in [a,b] \quad \text{und} \quad f^n(q) \in [b,c] \quad \text{oder vice versa} \ .$$

Da $f^2(b) = a$ und f^2 stetig ist, existiert ein $\delta > 0$ derart, daß gilt

$$f^2(x) < \frac{a+b}{2} \quad \text{für alle} \quad x \in [b-\delta, b] \subseteq [a,b] \ .$$

Ist $p \in S$ und $f^n(p) \in [a, b]$, dann impliziert (A.2)

$$f^{n+1}(p) \in [b, c] \quad \text{und} \quad f^{n+2}(p) \in [b, c] \; ;$$

mithin ist $f^n(p) < b - \delta$.
Ist $f^n(q) \in [b, c]$, so ist $f^n(q) \geq b$ und somit

$$|f^n(p) - f^n(q)| > \delta \; .$$

Aus Behauptung (A.4) folgt daher für jedes Paar $p, q \in S$ mit $p \neq q$, daß gilt

$$\limsup_{n \to \infty} |f^n(p) - f^n(q)| > \delta \; ,$$

womit (4.9) bewiesen ist.
Um (b) nachzuweisen, zeigen wir zunächst, daß S keine Periodenpunkte enthält.
Sei $p \in J$ ein Periodenpunkt der Periode $k \in I\!N$. Dann ergibt sich folgende Fallunterscheidung:

(a) $\{f(p), \ldots, f^k(p)\} \cap [a, b] = \phi$.

Dann folgt $P(p, n^2) = 0$ für alle $n \in I\!N$ und somit $\rho(p) = 0$. p kann also nicht zu S gehören; denn für jedes $x_r \in S$ gilt $\rho(x_r) = r \in (\frac{3}{4}, 1)$.

(b) $\{f(p), \ldots, f^k(p)\} \cap [a, b] \neq \phi$.

Sei $\hat{k}$ die Anzahl der $j \in \{1, \ldots, k\}$ mit $f^j(p) \in [a, b]$. Wählt man speziell $n = n_\ell = \ell \cdot k$ für $\ell \in I\!N$, so folgt

$$P(p, n^2)/n = P(p, n_\ell^2)/n_\ell = \frac{\ell^2 k}{\ell \cdot k} \, \hat{k} = \ell \cdot \hat{k} \to \infty$$

für $\ell \to \infty$. Damit kann nicht

$$\lim_{n \to \infty} P(p, n^2)/n \in (\frac{3}{4}, 1)$$

sein, d.h. es ist $p \notin S$.

Nun seien ein Periodenpunkt $p \in J$ und ein $q \in S$ vorgegeben. Wir nehmen zunächst an, es läge der Fall (a) vor, d.h. es sei $f^j(p) \notin [a, b]$ für alle $j \in I\!N$.
Sei

$$f^j(p) < a \quad \text{für ein} \quad j \in \{1, \ldots, k\} \; .$$

Dann setzen wir

$$\delta = \frac{1}{2} \, \min\{|a - f^j(p)| \, f^j(p) < a\} \; .$$

Nun gilt $f^n(q) \in [a, c]$, für alle $n \in I\!N$, was

$$|f^n(p) - f^n(q)| > \delta \quad \text{für unendlich viele } n \text{ impliziert} \; ,$$

mithin

$$\limsup_{n\to\infty} |f^n(p) - f^n(q)| > \delta \ .$$

Sei

$$f^j(p) > b \quad \text{für alle} \quad j \in \{1,\dots,k\} \ .$$

Dann ist auch $f^n(p) > b$ für alle $j \in I\!N$.

Nun ist $f^n(q) \in [a,b]$ für unendlich viele $n \in I\!N$. Setzt man

$$\delta = \frac{1}{2}\, \min\{|f^j(p) - b|\, j = 1,\dots,k\} \ ,$$

so folgt

$$\limsup_{n\to\infty} |f^n(p) - f^n(q)| > \delta \ .$$

Liegt der Fall (b) vor, so folgt aus $\rho(p) = \infty$

$$\lim_{n\to\infty} (P(p,n) - P(q,n)) = \infty \ .$$

Daraus folgt, daß es unendlich viele $n \in I\!N$ gibt mit

$$f^n(p) \in [a,b] \quad \text{und} \quad f^n(q) \in [b,c] \ .$$

Der Beweis kann jetzt fortgesetzt werden wie der von (4.9).

Zum Beweis von (4.10) bemerken wir zunächst, daß wegen $f(b) = c$ und $f(c) = a$ wir Intervalle $[b^n, c^n]$, $n = 0,1,2,\dots$ konstruieren können mit den Eigenschaften

(α) $[b,c] = [b^\circ, c^\circ] \supseteq [b^1, c^1] \supseteq \dots \supseteq [b^n, c^n] \supseteq \dots$,

(β) $f(x) \in (b^n, c^n)$ für alle $x \in (b^{n+1}, c^{n+1})$,

(γ) $f(b^{n+1}) = c^n$, $f(c^{n+1}) = b^n$.

Sei $A = \bigcap\limits_{n=0}^{\infty} [b^n, c^n]$, $b^* = \inf A$ und $c^* = \sup A$; dann ist $f(b^*) = c^*$ und $f(c^*) = b^*$ als Folge von (γ).

Um nun (4.10) zu beweisen, müssen wir die Folgen $M^r \in \mathcal{M}$ sorgfältig auswählen. Zusätzlich zu den obigen Anforderungen nehmen wir noch folgendes an:

Gilt $M_k = [a,b]$ sowohl für $k = n^2$, als auch $k = (n+1)^2$, dann wählen wir

$$M_{n^2+(2j-1)} = [b^{2n-(2j-1)}, b^*] \quad \text{und} \quad M_{n^2+2j} = [c^*, c^{2n-2j}]$$

für $j = 1,\dots,n$. Für die restlichen $k \in I\!N$, die keine Quadratzahlen sind, wählen wir $M_k = [b,c]$.

Man kann nachprüfen, daß diese Zusatzforderungen mit $(A.1)$ und $(A.2)$ konsistent sind und daß man für jedes $r \in (\frac{3}{4}, 1)$ eine Folge $M^r \in \mathcal{M}$ finden kann, für die $(A.3)$

erfüllt ist. Aus $\rho(x_r) = r$ für alle $r \in (\frac{3}{4}, 1)$ folgt für $r, r^* \in (\frac{3}{4}, 1)$ die Existenz unendlich vieler $n \in I\!N$ mit $M_k^r = M_k^{r^*} = [a, b]$ für $k = n^2$ und $k = (n+1)^2$.

Nun seien x_r und $x_{r^*} \in S$ vorgegeben. Wegen $b^n \to b^*$ und $c^n \to c^*$ für $n \to \infty$ gibt es für jedes $\varepsilon > 0$ ein $N \in I\!N$ mit

$$|b^n - b^*| < \frac{\varepsilon}{2} \quad \text{und} \quad |c^n - c^*| < \frac{\varepsilon}{2} \quad \text{für alle} \quad n > N \, .$$

Für jedes $n \in I\!N$ mit $n > N$ und $M_k^r = M_k^{r^*} = [a, b]$ für $k = n^2$ und $k = (n+1)^2$ gilt

$$f^{n^2+1}(x_r) \in M_k^r = [b^{2n-1}, b^*] \quad \text{und} \quad f^{n^2+1}(x_{r^*}) \in M_k^{r^*} = [b^{2n-1}, b^*]$$

für $k = n^2 + 1$, woraus $|f^{n^2+1}(x_r) - f^{n^2+1}(x_{r^*})| < \varepsilon$ folgt. Daraus folgt

$$\liminf_{n \to \infty} |f^n(x_r) - f^n(x_{r^*})| = 0 \, ,$$

was den Beweis von Satz 4.15 beendet.

Mit Hilfe des Theorems von Sarkovskii gewinnt man aus Satz 4.15 den

Satz 4.17: Sei $J \subseteq I\!R$ ein endliches abgeschlossenes Intervall, und sei $f : J \to J$ eine stetige Funktion, die einen Periodenpunkt der Periode k mit $k \neq 2^i$, $i \in I\!N$, besitzt. Dann ist f chaotisch im Sinne von Li und Yorke.

Beweis: Wegen $k \neq 2^i$, $i \in I\!N$, besitzt k eine Darstellung der Form $k = m \cdot p$ mit $m \in I\!N$ und $p > 2$ prim. Daraus folgt, daß f^m p-periodisch ist. Nach dem Theorem von Sarkovskii besitzt daher f^m einen Periodenpunkt der Periode $2 \cdot 3$ und somit f^{2m} einen Periodenpunkt der Periode 3. Nach Satz 4.15 (der auch ohne die Annahme $a < b < c$ wahr ist) ist daher f^{2m} chaotisch im Sinne von Li und Yorke. Daraus ergibt sich, daß auch f chaotisch im Sinne von Li und Yorke ist (Übung).

Mit Hilfe von Satz 4.17 läßt sich ein Zusammenhang von Unordnungs-Chaos und Chaos im Sinne von Li und Yorke gewinnen. Zu dem Zweck benötigt man die Aussage, daß eine stetige Abbildung f eines endlichen abgeschlossenen Intervalles J in sich mit positiver topologischer Entropie einen Periodenpunkt der Periode k mit $k \neq 2^i$, $i \in I\!N$, besitzt. Das wurde von M. Misiurewicz in [9] und [10] bewiesen, allerdings mit einer formal anderen Definition der Entropie als der von uns gewählten. Aus dieser Aussage ergibt sich mit Satz 4.17 unmittelbar die Folgerung, daß Unordnungs-Chaos Chaos im Sinne von Li und Yorke impliziert.

4.5   Seltsame (oder auch chaotische) Attraktoren

Dieser Abschnitt stützt sich im Wesentlichen auf Ausführungen im Buch [3] von Devaney.

In Abschnitt 1.5.3 haben wir den Begriff eines Attraktors eingeführt, den wir hier geringfügig modifizieren wollen. Vorgegeben sei eine stetige Abbildung $f : D \to I\!R^n$, $D \subseteq I\!R^n$ (nichtleer).

Definition: Eine Menge $A \subseteq D$ heißt Attraktor von f, wenn es eine Teilmenge $V \subseteq D$ gibt mit $f(V) \subseteq V$ und $\bar{A} \subseteq V$ derart, daß gilt

$$\bar{A} = \bigcap_{n=0}^{\infty} f^n(V) ,$$

wobei

$$f^n(V) = \{f^n(x)|\ x \in V\} \quad \text{und} \quad \bar{A} = \text{abgeschlossene Hülle von } A .$$

Lemma 4.18: Ist $A \subseteq D$ ein Attraktor von f, so ist $\bar{A}$ invariant, d.h. es gilt $f(\bar{A}) = \bar{A}$.

Beweis: Es ist

$$f(\bar{A}) = f(\bigcap_{n=0}^{\infty} f^n(V)) = \bigcap_{n=1}^{\infty} f^n(V) \supseteq \bar{A} .$$

Andererseits ist

$$f(\bar{A}) = \bigcap_{n=1}^{\infty} f^{n-1}(f(V)) \subseteq \bigcap_{n=1}^{\infty} f^{n-1}(V) = \bigcap_{n=0}^{\infty} f^n(V) = \bar{A} ,$$

mithin $f(\bar{A}) = \bar{A}$.

Weiter gilt das

Lemma 4.19: Sei $A \subseteq D$ ein Attraktor von f derart, daß es ein $n_0 \in I\!N$ gibt derart, daß

$$f^n(V) \quad \text{abgeschlossen ist für alle} \quad n \geq n_0 .$$

Dann gilt

$$L_I(x) \subseteq A \quad \text{für alle} \quad x \in V ,$$

wobei $L_I(x)$ die durch (1.26) definierte Limesmenge von $f : V \to V$ ist.

Beweis: Nach Satz 1.13 gilt für jedes $x \in V$

$$L_I(x) = \{y \in I\!R^n|\ \exists \text{ monotone Folge } n_i \to \infty \text{ mit } y = \lim_{i \to \infty} f^{n_i}(x)\} .$$

Nun seien $x \in V$ und $y \in L_I(x)$ vorgegeben. Sei $n_i \to \infty$ eine monotone Folge mit $y = \lim_{i \to \infty} f^{n_i}(x)$. Für jedes $i \in I\!N$ ist

$$x_{n_i} = f^{n_i}(x) \in f^{n_i}(V) \quad \text{und} \quad x_{n_i} \to y .$$

Nach Annahme ist $f^{n_i}(V)$ abgeschlossen für genügend großes i. Wegen $f^{n+1}(V) \subseteq f^n(V)$ für alle $n \in I\!N_0$ ist daher

$$A = \bar{A} = \bigcap_{i \in N} f^{n_i}(V) \, .$$

Weiter folgt $y \in f^{n_i}(V)$ für alle genügend großen i und somit

$$y \in \bigcap_{i \in N} f^{n_i}(V) = \bar{A} = A \, .$$

Definition: Ein Attraktor $A \subseteq D$ von f heißt seltsam (oder auch chaotisch), wenn $f : \bar{A} \to \bar{A}$ topologisch konjugiert ist zur Shift-Abbildung $\sigma : \sum \to \sum$ des metrischen Raumes $\sum$ der unendlichen $0-1$-Folgen (vgl. Abschnitt 4.1) in sich.

Aus den Sätzen 4.3 und 4.4 ergibt sich somit der

Satz 4.20: Sei $A \subseteq D$ ein seltsamer Attraktor von $f : \bar{A} \to \bar{A}$.
Dann gelten die folgenden Aussagen:

(1) Die Menge $\mathrm{Per}(f)$ der Periodenpunkte von f ist dicht in $\bar{A}$.

(2) Es gibt einen Orbit von f, der dicht in $\bar{A}$ ist.

Aus (2) leitet man ab, daß $f : \bar{A} \to \bar{A}$ topologisch transitiv ist. Damit ergibt sich die

Folgerung: Ist $A \subseteq D$ ein seltsamer Attraktor von f, so ist die Abbildung $f : \bar{A} \to \bar{A}$ chaotisch im Sinne von Devaney.

Beispiele:

(a) Die Smalesche Hufeisen-Abbildung.

Ein schon klassisches Beispiel einer Chaos-erzeugenden Abbildung in der Ebene ist die Smalesche Hufeisen-Abbildung f_H, die durch die folgende Abbildung illustriert wird.

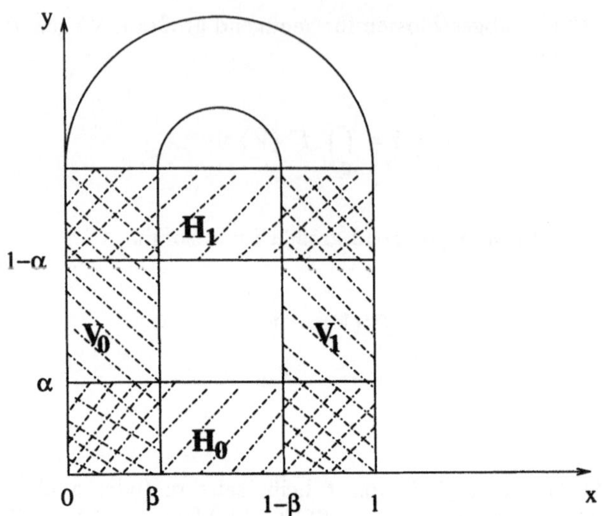

Die Abbildung f_H bildet das Quadrat $Q = [0,1] \times [0,1]$ auf das dargestellte Hufeisen ab, und zwar so, daß die horizontalen Streifen $H_0 = [0,1] \times [0,\alpha]$ bzw. $H_1 = [0,1] \times [1-\alpha, 1]$ auf die vertikalen Streifen $V_0 = [0,\beta] \times [0,1]$ bzw. $V_1 = [1-\beta, 1] \times [0,1]$ mit $0 < \beta \le \alpha < \frac{1}{2}$ abgebildet werden gemäß

$$
\left.
\begin{aligned}
f_H(x,y) &= (\beta x, \tfrac{1}{\alpha} y) \\
\text{für } 0 &\le x \le 1,\ 0 \le y \le \alpha
\end{aligned}
\right\}
\quad \text{bzw.} \quad
\left\{
\begin{aligned}
f_H(x,y) &= (1 - \beta x,\ \tfrac{1}{\alpha} - \tfrac{1}{\alpha} y) \\
\text{für } 0 &\le x \le 1,\ 1 - \alpha \le y \le 1 .
\end{aligned}
\right.
$$

Der horizontale Streifen zwischen H_0 und H_1 wird in geeigneter Weise auf den halben Kreisring abgebildet, der dann mit V_0 und V_1 ein Hufeisen bildet.
Offenbar ist

$$
\begin{aligned}
f_H^{-1}(Q) &= Q \backslash [0,1] \times [\alpha, 1 - \alpha] = H_0 \cup H_1 \, , \\
f_H^2(Q) &= f_H^{-1}(H_0 \cup H_1) = (H_0^1 \cup H_0^2) \cup (H_1^1 \cup H_1^2) \, ,
\end{aligned}
$$

und allgemein für $n \in I\!N$ gilt

$$
f_H^{-n}(Q) = \left(\bigcup_{i=1}^{2^{n-1}} H_0^i \right) \cup \left(\bigcup_{i=1}^{2^{n-1}} H_1^i \right) ,
$$

wobei jedes H_0^i bzw. H_1^i ein horizontaler Streifen in H_0 bzw. H_1 ist und diese Streifen aus H_0 bzw. H_1 durch fortwährendes Wegnehmen von offenen Streifen der relativen Länge $1 - 2\alpha$ gewonnen werden.
Definiert man

$$
V = \bigcap_{n=1}^{\infty} f_H^{-n}(Q) \, ,
$$

so ist V darstellbar in der Form $V = [0,1] \times C_\alpha$, wobei C_α eine Cantor-Menge ist, die aus $[0,1]$ durch fortwährendes Wegnehmen von offenen Intervallen der relativen Länge $1 - 2\alpha$

entsteht. Alle Mengen $f_H^{-n}(Q)$ sind abgeschlossene Teilmengen von Q und somit sogar kompakt. Daraus folgt, daß V abgeschlossen, sogar kompakt ist. Weiter ist

$$
\begin{aligned}
f_H(V) &= \bigcap_{n=1}^{\infty} f_H(f_H^{-n}(Q)) = \bigcap_{n=1}^{\infty} f_H^{1-n}(Q) \\
&= \bigcap_{m=0}^{\infty} f_H^{-m}(Q) \subseteq V .
\end{aligned}
$$

Definiert man $A = \bigcap_{n=0}^{\infty} f_H^n(V)$, so ist $A = \bar{A}$, da alle Mengen $f_H^n(V)$ kompakt und somit abgeschlossen sind. $A \subseteq Q$ ist also ein Attraktor der Abbildung $f_H : Q \to I\!R^2$. Aus Lemma 4.19 folgt

$$
L_I(x) \subseteq A \quad \text{für alle} \quad x \in V ,
$$

wobei $L_I(x)$ die durch (1.26) definierte Limesmenge von $f_H : V \to V$ ist.
Nun sei $\sum_2$ die Menge der zweifach-unendlichen $0 - 1$-Folgen, d.h.

$$
\sum\nolimits_2 = \{ s = (s_j)_{j \in \mathbf{Z}} |\ s_j = 0 \text{ oder } 1 \}
$$

versehen mit der Metrik

$$
d(s,t) = \sum_{j=-\infty}^{\infty} \frac{1}{2^{|j|}} |s_j - t_j| , \quad s,t \in \sum\nolimits_2 .
$$

$\sum_2$ ist ein kompakter metrischer Raum, der zum Intervall $[0,3]$ homöomorph ist, wobei der Homöomorphismus gegeben ist durch die Zuordnung

$$
s = (s_j)_{j \in \mathbf{Z}} \to \sum_{j=-\infty}^{\infty} \frac{1}{2^{|j|}} s_j .
$$

Hilfssatz:

Gegeben seien $s, t \in \sum_2$. Dann gilt

  (a) $s_i = t_i$ für $i = -n, \dots, n \implies d(s,t) \le \frac{1}{2^{n-1}}$

Umgekehrt gilt

  (b) $d(s,t) < \frac{1}{2^n} \implies s_i = t_i$ für $i = -n, \dots, n$.

Beweis = Übung.

Wir definieren wiederum eine Shift-Abbildung $\sigma : \sum_2 \to \sum_2$ vermöge

$$
\sigma(s)_j = s_{j+1} \quad \text{für alle} \quad j \in \mathbf{Z} \quad \text{und alle} \quad s \in \sum\nolimits_2 .
$$

Diese Abbildung ist sogar ein Homöomorphismus , d.h. umkehrbar eindeutig, surjektiv und stetig samt ihrer Umkehrabbildung $\sigma^{-1} : \sum_2 \to \sum_2$, die offenbar vermöge

$$
\sigma^{-1}(t) = t_{j-1} \quad \text{für alle} \quad j \in \mathbf{Z} \quad \text{und alle} \quad t \in \sum\nolimits_2
$$

definiert ist.

Für jedes $n \in I\!N_0$ gibt es 2^{2n+1} verschiedene Punkte $s \in \sum_2$ der Form $s = (\ldots s_{-n}, s_{-n+1}, \ldots,$ für die also gilt $\sigma^{2n+1}(s) = s$, d.h. die Periodenpunkte sind.

Behauptung 1: Die Menge Per(σ) der Periodenpunkte ist dicht in $\sum_2$.

Beweis = Übung (vgl. Beweis von Satz 4.3).

Behauptung 2: Es gibt ein $s \in \sum_2$ derart, daß der Orbit $(\sigma^n(s))_{n \in I\!N_0}$ in $\sum_2$ dicht ist.

Beweis = Übung (vgl. Beweis von Satz 4.4).

Folgerung: Die Shift-Abbildung $\sigma : \sum_2 \to \sum_2$ ist topologisch transitiv und somit chaotisch.

Den Zusammenhang der Dynamik der Shift-Abbildung mit der Dynamik der Hufeisen-Abbildung $f_H : A \to A$ stellen wir her mit Hilfe der Abbildung $S : A \to \sum_2$ vermöge

$$s = S(x), \ x \in A, \text{ wobei für jedes } j \in \mathbf{Z} \text{ gilt}$$

$$s_j = \begin{cases} 0, \text{ falls } f_H^j(x) \in V_0 , \\ 1, \text{ falls } f_H^j(x) \in V_1 . \end{cases}$$

Aus

$$S(x)_{j+1} = \begin{cases} 0, \text{ falls } f_H^{j+1}(x) \in V_0 , \\ 1, \text{ falls } f_H^{j+1}(x) \in V_1 , \end{cases}$$
$$= \left. \begin{cases} 0, \text{ falls } f_H^j(f_H(x)) \in V_0 , \\ 1, \text{ falls } f_H^j(f_H(x)) \in V_1 , \end{cases} \right\} = S(f_H(x))_j$$

folgt

$$\sigma(S(x)) = S(f_H(x)) \quad \text{für alle} \quad x \in A .$$

Behauptung 3: $S : A \to \sum_2$ ist ein Homöomorphismus.

Beweis: Zunächst bemerken wir, daß A darstellbar ist in der Form $A = V \cap (C_\beta \times [0,1])$, wobei C_β eine Cantor-Menge ist, die aus $[0,1]$ durch fortwährendes Wegnehmen von offenen Intervallen der relativen Länge $1 - 2\beta$ entsteht. Insbesondere ist $A \subseteq V_0 \cup V_1$, so daß wegen $f_H(A) = A$ die Abbildung $S : A \to \sum_2$ wohldefiniert ist.

Als nächstes beweisen wir die Injektivität von $S : A \to \sum_2$.

Sei also $S(x) = S(y)$ für $x, y \in A$.

Dann folgt für jedes $j \in \mathbf{Z}$

$$(f_H^j(x) \in V_0 \text{ und } f_H^j(y) \in V_0) \quad \text{oder} \quad (f_H^j(x) \in V_1 \text{ und } f_H^j(y) \in V_1) \ .$$

Wegen der Linearität von $f_H^j : A \to A$ für alle $j \in \mathbf{Z}$ und der Konvexität von V_0 und V_1 folgt für jedes $j \in \mathbf{Z}$ und $\lambda \in [0,1]$

$$f^j(\lambda x + (1 - \lambda)g) \in V_0 \quad \text{oder} \quad f^j(\lambda x(1 - \lambda)y) \in V_1 \ .$$

Das ist aber nur möglich, falls $\lambda = 0$ oder 1 ist oder $x = y$; denn $[x,y] \not\subseteq A$, falls $x \neq y$, da $A = V \cap (C_\beta \times [0,1])$ und C_β keine Intervalle enthält.

Dieser Beweis ist ein Analogon des ersten Teiles des Beweises von Satz 4.7. Die Surjektivität und Stetigkeit von $S : A \to \sum_2$ lassen sich ebenfalls in Analogie zum Beweis von Satz 4.7 zeigen. Hieraus folgt schließlich wie dort die Stetigkeit der Umkehrabbildung $S^{-1} : \sum_2 \to A$.

Auf Grund von Behauptung 3 und $\sigma \circ S = S \circ f_H$ sind $\sigma : \sum_2 \to \sum_2$ und $f_H : A \to A$ also topologisch konjugiert, woraus sich definitionsgemäß ergibt, daß

$$A = \bigcap_{n=0}^{\infty} f_H^n(V) \quad \text{mit} \quad V = \bigcap_{n=1}^{\infty} f_H^{-1}(Q)$$

ein seltsamer Attraktor ist.

Dazu muß man allerdings in der Definition eines seltsamen Attraktors $\sum$ durch $\sum_2$ ersetzen, woraus sich inhaltlich jedoch keine Änderung ergibt. Insbesondere gilt der Satz 4.20 auch mit der abgeänderten Definition eines seltsamen Attraktors, woraus sich ergibt, daß $f_H : A \to A$ chaotisch im Sinne von Devaney ist.

(b) Das Solenoid.

Wir betrachten den Einheitskreis

$$S^1 = \{e^{it}|\ t \in [0, 2\pi]\} \ , \ i = \sqrt{-1} \ ,$$

sowie die Einheitskreisscheibe

$$B^2 = \{(x,y) \in I\!\!R^2|\ x^2 + y^2 \leq 1\}$$

und bilden daraus den Torus $D = S^1 \times B^2$. Auf D definieren wir eine stetige Abbildung $f : D \to D$ vermöge

$$f(e^{it}, p) = (e^{2it}, \frac{1}{10}p + \frac{1}{2}e^{2it}) \text{ für } e^{it} \in S^1 \text{ und } p \in B^2 \ .$$

Geometrisch läßt sich f, wie folgt, beschreiben: Sei $e^{it^*} \in S^1$ gegeben. Dann bezeichnen wir mit $B(t^*)$ die Kreisscheibe

$$B(t^*) = \{(e^{it^*}, p)|\ p \in B^2\} \ .$$

Mit dieser Bezeichnung gilt $f(B(t)) \subseteq B(2t)$. Das genaue Bild $f(B(t))$ ist eine Kreisscheibe um den Mittelpunkt

$$(e^{2it}, \frac{1}{2} e^{2it}) \quad \text{mit dem Radius} \quad \frac{1}{10} .$$

Es gilt auch $f(B(t+\pi)) \subseteq B(2t)$, und das genaue Bild $f(B(t+\pi))$ ist eine Kreisscheibe um den Mittelpunkt

$$(e^{2it}, -\frac{1}{2} e^{2it}) \quad \text{mit dem Radius} \quad \frac{1}{10} .$$

Insgesamt ergibt sich das Bild

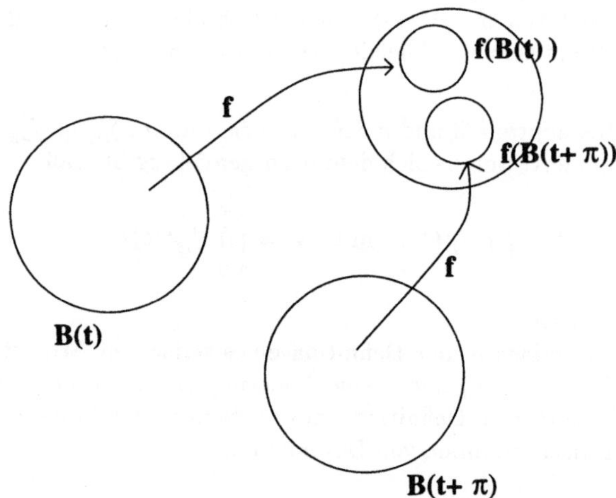

Das Bild von D besteht also aus zwei Tori im Inneren von D. Das Bild $f^2(D)$ besteht aus vier Tori, und zwar je zwei in jedem der beiden Tori, aus denen $f(D)$ besteht. Die Radien der Querschnitte dieser vier Tori sind gleich $\frac{1}{100}$. Im allgemeinen gilt

$$f^n(D) \subseteq f^{n-1}(D) \subseteq \ldots \subseteq f(D) \subseteq D ,$$

und jede Menge $f^k(D)$ ist abgeschlossen. Daraus folgt, daß

$$A = \bigcap_{n \in N_0} f^n(D) \text{ nichtleer}$$

und ein abgeschlossener Attraktor ist. Man nennt ihn ein Solenoid. Für diesen Attraktor gilt nun der folgende

Satz 4.21:

(a) Die Menge $\mathrm{Per}(f)$ der Periodenpunkte von $f : A \to A$ ist dicht in A.

(b) f ist topologisch transitiv auf einer geeigneten kompakten Teilmenge von A.

Beweis:

(a) Wir denken uns $x = (e^{it_0}, p_0) \in A$ vorgegeben und wählen irgendeine offene Umgebung $U \subseteq D$ von x. Dann gibt es ein $\delta > 0$ und ein $n \in I\!N_0$ derart, daß der Schlauch

$$C = \{e^{it}, p) \in f^n(A)|\ |t - t_0| < \delta\}$$

ganz in U enthalten ist. Da die Periodenpunkte der Abbildung $e^{it} \to e^{2it}$, $t \in [0, 2\pi]$, von der Form $e^{it_{mk}}$ sind mit $m \in I\!N$ und $t_{mk} = \frac{2k\pi}{2^m-1}$ für $k = 0, \ldots, 2^m - 1$, liegen sie dicht in S^2. Daher gibt es in $\{t \in [0, 2\pi]|\ |t - t_0| < \delta\}$ ein t^* mit $f^m(B(t^*)) \subseteq B(t^*)$. Wir können $m \in I\!N$ überdies so groß wählen, daß gilt

$$f^m(B(t^*) \cap C) \subseteq B(t^*) \cap C\ .$$

Da $f^m = f^m(e^{it}, p)$ in Bezug auf p kontraktiv ist, gibt es einen Punkt $(e^{it^*}, p^*) \in B(t^*) \cap C$ mit $f^m(e^{it^*}, p^*) = (e^{it^*}, p^*) \in A$, was zu zeigen war.

Den Beweis von (b) wollen wir nicht direkt führen; denn die Aussage (b) wird sich aus den folgenden Überlegungen ergeben. Sei $g : S^1 \to S^1$ definiert vermöge

$$g(e^{it}) = e^{2it}\ , \quad t \in [0, 2\pi]\ .$$

Damit definieren wir den Folgenraum

$$\textstyle\sum = \{\theta_t = (e^{it}, e^{i\frac{t}{2}}, \ldots, e^{i\frac{t}{2^k}}, \ldots)|\ t \in [0, 2\pi]\}\ .$$

Definiert man in $\sum$ eine Metrik durch

$$d(\theta_t, \psi_s) = \sum_{j=0}^{\infty} \frac{1}{2^j} (e^{i\frac{t}{2^j}} - e^{i\frac{s}{2^j}})\ , \quad \theta_t, \psi_s \in \textstyle\sum\ ,$$

so wird $\sum$ zu einem metrischen Raum. Auf $\sum$ gibt es eine natürliche Abbildung

$$\sigma(e^{it}, e^{i\frac{t}{2}}, e^{i\frac{t}{4}}, \ldots) = (g(e^{it}), e^{it}, e^{i\frac{t}{2}}, \ldots,)\ , \quad t \in [0, 2\pi]\ ,$$

die $\sum$ stetig auf sich abbildet und deren Umkehrabbildung gegeben ist durch

$$\sigma^{-1}(e^{it}, e^{i\frac{t}{2}}, e^{i\frac{t}{4}}, \ldots) = (e^{i\frac{t}{2}}, e^{i\frac{t}{4}}, e^{i\frac{t}{8}}, \ldots)\ , \quad t \in [0, 2\pi]\ ,$$

und offenbar ebenfalls stetig ist.
$\sigma : \sum \to \sum$ ist also ein Homöomorphismus.

Übung: Man zeige, daß die Menge Per(σ) der Periodenpunkte von σ in $\sum$ dicht ist und daß σ einen Orbit besitzt, der in $\sum$ dicht ist.

Aus letzterer Aussage folgt, daß σ topologisch transitiv ist. Nun sei $\pi : D \to S^1$ die natürliche Projektion, d.h.

$$\pi(e^{it}, p) = e^{it}\quad \text{für alle}\quad (e^{it}, p) \in D\ .$$

Die Abbildung $f : D \to D$ ist ein Homöomorphismus von D auf $f(D)$, woraus wegen $f(A) = A$ folgt, daß $f : A \to A$ ein Homöomorphismus von A auf A ist.
Damit ist die Abbildung $S : A \to \sum$ definiert vermöge

$$S(x) = (\pi(x), \pi f^{-1}(x), \ \pi f^{-2}(x), \ldots) \ , \quad x \in A \ ,$$

wohldefiniert, und es gilt

$$S(f(x)) = (\pi(f(x)), \ \pi(x), \ \pi f^{-1}(x), \ldots) = \sigma(S(x))$$

$$\text{für alle} \quad x \in A \ .$$

Um die Abbildung S noch weiter zu untersuchen, wollen wir zunächst die Menge A genauer analysieren. Definitionsgemäß ist sie darstellbar in der Form

$$A = \bigcap_{k=0}^{\infty} \bigcup_{j=1}^{2^k} T_j(k) \ ,$$

wobei $T_j(k)$ für jedes $k \in I\!N_0$ und $j \in \{1, \ldots, 2^k\}$ ein Torus im Inneren von D ist mit dem Querschnittradius $\frac{1}{10^k}$. Weiter gilt

$$f(T_j(k)) \subseteq T_j(k) \quad \text{für jedes} \quad k \in I\!N_0 \quad \text{und} \quad j = 1, \ldots, 2^k \ ,$$

und für jedes $k \in I\!N_0$ und $j \in \{1, \ldots, 2^k\}$ existiert ein $i = i(j,k) \in \{1, \ldots, 2^{k+1}\}$ mit $T_i(k+1) \subseteq T_j(k)$.
Sei daher $J = (j_k)_{k \in I\!N_0}$ eine Folge mit $j_k \in \{1, \ldots, 2^k\}$ und

$$T_{j_{k+1}}(k+1) \subseteq T_{j_k}(k) \quad \text{für alle} \quad k \in I\!N_0 \ .$$

Damit definieren wir die Menge

$$A_J = \bigcap_{k=0} T_{j_k}(k) \ .$$

Diese Menge ist eine (nichtleere) kompakte Teilmenge von A, für die gilt

$$f(A_j) = \bigcap_{k=0}^{\infty} f(T_{j_k}(k)) \subseteq \bigcap_{k=0}^{\infty} T_{j_k}(k) = A_J \ .$$

Weiter ist für jedes $t \in [0, 2\pi]$ die Menge $A_J \cap B(t)$ einpunktig und somit die Abbildung $S : A_J \to \sum$ umkehrbar eindeutig, stetig und surjektiv. Wegen der Kompaktheit von A_J ist $S : A_J \to \sum$ mithin ein Homöomorphismus, woraus folgt, daß die beiden Abbildungen $f : A_J \to A_J$ und $\sigma : \sum \to \sum$ topologisch konjugiert sind. Die Behauptung (b) in Satz 4.21 ergibt sich daher aus Satz 4.5.

Da die Menge der Periodenpunkte von $\sigma : \sum \to \sum$ in $\sum$ dicht ist, gilt das auch für die Menge der Periodenpunkte von $f : A_J \to A_J$ in A_J.
Als Ergebnis erhalten wir daher den

Satz 4.22: Die Abbildung f ist auf A_J chaotisch.

4.6 Über chaotisches Verhalten von Abbildungen der Ebene in sich mit homoklinischen Punkten

Dieser und der nächste Abschnitt sind eine leicht verkürzte Wiedergabe der Arbeit [8] von U. Kirchgraber und D. Stoffer.

Sei f ein Diffeomorphismus von $I\!R^2$ auf $I\!R^2$, d.h. eine topologische Abbildung, die überdies differenzierbar ist.

Definition: Eine kompakte Teilmenge $A \subseteq I\!R^2$, welche invariant ist, d.h. für welche gilt $f(A) = A$, heißt hyperbolisch, wenn es zwei Vektorfelder, d.h. zwei stetige Abbildungen $h^\pm : A \to I\!R^2$ gibt derart, daß $h^+(x)$ und $h^-(x)$ für jedes $x \in A$ linear unabhängig sind und die folgenden Bedingungen erfüllen:

(1) Die Vektorfelder h^+ und h^- sind invariant in Bezug auf Df (= Ableitung von f), d.h. es gibt Funktionen $\lambda^\pm : A \to I\!R$ mit

$$Df(x)\, h^\pm(x) = \lambda^\pm(x)\, h^\pm(x) \quad \text{für alle} \quad x \in A .$$

(2) Die Abbildung f ist kontrahierend in Richtung h^+ und expandierend in Richtung h^-, d.h. es gibt Konstanten $\theta \in (0,1)$ und $\tau > 1$ derart, daß gilt

$$\frac{1}{\tau} \leq |\lambda^+(x)| \leq \theta \quad \text{und} \quad \frac{1}{\theta} \leq |\lambda^-(x)| \leq \tau \quad \text{für alle} \quad x \in A .$$

Spezialfall: Ist $z \in I\!R^2$ ein Fixpunkt von f, d.h. gilt $f(z) = z$, und besitzt die Jacobi-Matrix $Df(z)$ zwei reelle Eigenwerte $\lambda^\pm$ mit $0 < \lambda^+ < 1 < \lambda^-$ und Einheitsvektoren $e^+, e^- \in I\!R^2$ mit $Df(z)\, e^\pm = \lambda^\pm e^\pm$, so ist $\{z\}$ eine hyperbolische Menge.

Im folgenden soll zunächst gezeigt werden, daß mit Hilfe eines hyperbolischen Fixpunktes z von f eine größere hyperbolische Menge konstruiert werden kann, wenn ein sog. transversaler homoklinischer Orbit von f existiert. Das ergibt sich aus der

Fundamentalhypothese (FH): f besitze einen hyperbolischen Fixpunkt z. Weiter gebe es zwei Kurven

$$\Gamma^\pm = \{\gamma_\pm(s)|\, s \in I_\pm = (a_\pm, b_\pm)\} \subseteq I\!R^2$$

mit folgenden Eigenschaften:

(1) Die Abbildungen $\gamma_\pm : I_\pm \to I\!R^2$ sind injektiv und differenzierbar mit $\gamma'_\pm(s) \neq \theta_2$ für alle $s \in I_\pm$.

(2) Es gibt $\sigma_- \in I_-$ und $\sigma_+ \in I_+$ mit $\gamma_\pm(\sigma_\pm) = z$.

(3) Γ^- ist invariant bezüglich f^{-1}, und Γ^+ ist invariant bezüglich f. Ist $x \in \Gamma^-$, so ist $\lim_{n \to -\infty} f^n(x) = z$, und ist $x \in \Gamma^+$, so ist $\lim_{n \to \infty} f^n(x) = z$.

(4) Es gibt $s_\pm \in I_\pm$ mit $s_\pm \neq \sigma_\pm$, so daß gilt

    (a) $\gamma_-(s_-) = \gamma_+(s_+)$,

    (b) $\gamma'_-(s_-)$ und $\gamma'_+(s_+)$ sind linear unabhängig.

Ist $x_0 = \gamma_-(s_-) = \gamma_+(s_+)$, so heißt der von x_0 erzeugte Orbit $(x_n = f^n(x_0))_{n\in\mathbf{Z}}$ ein transversaler homoklinischer Orbit für z.
Man beachte, daß gilt $\lim\limits_{n\to\pm\infty} x_n = z$.
Mit diesen Annahmen gilt der folgende

Satz 4.23: Sei die Fundamentalhypothese (FH) erfüllt, und sei $(x_n)_{n\in\mathbf{Z}}$ der zugehörige transversale homoklinische Orbit. Dann ist die Menge $A = \{z\}\cup\{x_n|\ n \in \mathbf{Z}\}$ hyperbolisch.
Zum Beweis dieses Satzes sind einige Lemmata erforderlich. Wir beginnen mit

Lemma 1: Es gelte die Fundamentalhypothese (FH). Dann gibt es zwei Mengen von Einheitsvektoren $e_n^+, e_n^-, n \in \mathbf{Z}$, reelle Zahlen $t_n^+, t_n^-, n \in \mathbf{Z}$ und drei Konstanten $N \in I\!N$, $\theta_1 \in (0,1), \tau_1 > 1$ derart, daß die folgenden Aussagen gelten:

  (i) $e_{n+1}^\pm = \frac{1}{t_n^\pm} Df(x_n) e_n^\pm$, $n \in \mathbf{Z}$,

  (ii) $\lim\limits_{n\to-\infty} e_n^- = e^-$, $\lim\limits_{n\to\infty} e_n^+ = e^+$,

  (iii) $1 < \frac{1}{\theta_1} \leq |t_n^-| \leq \tau_1$, wenn $n < -N$,

      $\frac{1}{\tau_1} \leq |t_n^+| \leq \theta_1 < 1$, wenn $n > N$,

  (iv) $\lim\limits_{n\to\infty} e_n^- = e^-$, $\lim\limits_{n\to-\infty} e_n^+ = e^+$,

  (v) $1 < \frac{1}{\theta_1} \leq |t_n^-| \leq \tau_1$, wenn $n > N$,

      $\frac{1}{\tau_1} \leq |t_n^+| \leq \theta_1 < 1$, wenn $n < -N$.

Beweis: Wir beginnen mit der Konstruktion der Menge $\{e_n^-|\ n \in \mathbf{Z}\}$ (die der Menge $\{e_n^+|\ n \in \mathbf{Z}\}$ ist ähnlich und wird unterdrückt). Da $x_n \in \Gamma^-$ für $n \leq 0$, gibt es ein eindeutiges $s_n \in I_-$ mit $\gamma_-(s_n) = x_n$. Wir setzen $v_n = \gamma'_-(s_n)$ für $n \leq 0$.
Wir betrachten die Abbildung

$$F : I_- \times I_- \to I\!R^2 \ , \ \text{die gegeben ist durch}$$

$$F(s,\phi) = f^{-1}(\gamma_-(s)) - \gamma_-(\phi) \ , \quad (s,\phi) \in I_- \times I_- \ .$$

Aus (FH), (3), (1) ergibt sich dann die folgende Aussage: Gegeben sei $s \in I_-$. Dann gibt es genau ein $\phi \in I_-$ derart, daß gilt $F(s,\phi) = \theta_2$.

Sei $\phi = \phi(s)$. Wegen

$$f^{-1}(\gamma_-(s_n)) = f^{-1}(x_n) = x_{n-1} = \gamma_-(s_{n-1}) , \quad n \leq 0 ,$$

und

$$f^{-1}(\gamma_-(\sigma_-)) = f^{-1}(z) = z = \gamma_-(\sigma_-)$$

folgt

$$\phi(s_n) = s_{n-1} \quad \text{und} \quad \gamma(\sigma_-) = \sigma_- .$$

Berücksichtigt man $F_\phi(s, \phi) = -\gamma_-'(\phi) \neq \theta_2$, so ergibt sich aus dem Hauptsatz für implizite Funktionen, daß gilt $\phi \in C^1$ und

$$Df^{-1}(\gamma(s)) \, \gamma_-'(s) = \phi'(s) \, \gamma_-'(\phi(s)) . \tag{1}$$

Da Df^{-1} nichtsingulär ist und $\gamma' \neq \theta_2$, folgt $\phi'(s) \neq 0$. Setzt man $s = s_{n+1}$, so folgt aus (1)

$$Df^{-1}(x_{n+1}) \, v_{n+1} = \phi'(s_{n+1}) \, v_n$$

und weiter mit $D(f(x_n)) \, Df^{-1}(x_{n+1}) = I = $ Einheitsmatrix, daß gilt

$$v_{n+1} = \frac{1}{1/\phi'(s_{n+1})} D(f(x_n)) \, v_n \quad \text{für} \quad n < 0 . \tag{2}$$

Setzen wir $s = \sigma_-$, so folgt aus (1)

$$Df^{-1}(z) \, \gamma'(\sigma_-) = \phi'(\sigma_-) \, \gamma_-'(\sigma_-)$$

und weiter mit $Df(z) \, Df^{-1}(z) = I$, daß gilt

$$Df(z) \, \gamma_-'(\sigma_-) = \frac{1}{\phi'(\sigma_-)} \gamma_-'(\sigma_-) .$$

Damit ist $1/\phi'(\sigma_-)$ ein Eigenwert und $\gamma'(\sigma_-)$ ein Eigenvektor von $Df(z)$. Wir behaupten, daß $|\phi'(\sigma_-)| \leq 1$ ist.

Doch zunächst beweisen wir $\lim\limits_{n \to -\infty} s_n = \sigma_-$.

Da die Folge $(s_n)_{n \in \mathbb{Z}}$ beschränkt ist, genügt es zu zeigen, daß σ_- ihr einziger Häufungspunkt ist. Sei $\lim\limits_{j \to -\infty} s_{n_j} = s^*$ für eine konvergente Teilfolge $(s_{n_j})_{j \in \mathbb{Z}}$ von $(s_n)_{n \in \mathbb{Z}}$. Dann folgt

$$\gamma(s^*) = \lim\limits_{j \to -\infty} \gamma(s_{n_j}) = \lim\limits_{j \to -\infty} x_{n_j} = z = \gamma(\sigma_-) .$$

Aus (FH), (1) folgt daher $s^* = \sigma_-$, mithin $\lim\limits_{n \to -\infty} s_n = \sigma_-$. Daraus folgt, daß es zu jeder Umgebung U von σ_- ein $N \in \mathbb{N}$ gibt mit $s_n \in U$ für alle $n < -N$.

Nun machen wir die Annahme $|\phi'(\sigma_-)| > 1$. Dann gibt es eine Umgebung U von σ_- derart, daß für jedes $s \in U\backslash\{\sigma_-\}$ gilt

$$|\phi(s) - \sigma_-| > |s - \sigma_-| \ .$$

Daraus folgt für jedes $s \in U\backslash\{\sigma_-\}$ die Existenz eines $\hat{N} \in I\!N$ mit $\phi^{\hat{N}}(s) \notin U$. Das ist aber nur möglich, wenn ein $n^* \leq 0$ existiert mit $s_{n^*} = \sigma_- \implies x_{n^*} = z$. Daraus folgt $x_0 = z$, was aber wegen $\sigma_\pm \neq s_\pm$ nicht möglich ist (vgl. (FH) (4)).
Damit ist

$$|\phi'(\sigma_-)| \leq 1 \implies 1 \leq \frac{1}{\phi'(\sigma_-)} \ .$$

Weiter ist $\lambda^- = \frac{1}{\phi'(\sigma_-)}$ und $\gamma'_-(\sigma_-)$ ist parallel zu e^-.
Aus $\lim\limits_{n\to-\infty} s_n = \sigma_-$ folgt

$$\lim_{n\to-\infty} v_n = \lim_{n\to-\infty} \gamma'_-(s_n) = \gamma'_-(\sigma_-) = \nu\, e^- \tag{3}$$

mit einer geeigneten Konstanten ν. Wir setzen

$$e_n^- = \mathrm{sgn}\nu\, \frac{v_n}{|v_n|} \quad \text{für} \quad n \leq 0$$

und weiter

$$e_{n+1}^- = \pm\frac{Df(x_n)\, e_n^-}{|Df(x_n)\, e_n^-|} \quad \text{für} \quad n \geq 0 \ , \tag{4}$$

wobei wir das Vorzeichen später festlegen.
Nun sei $n < 0$. Dann folgt mit (2)

$$\begin{aligned}
e_{n+1}^- &= \mathrm{sgn}\nu\, \frac{v_{n+1}}{|v_{n+1}|} = \frac{\mathrm{sgn}\nu}{|v_{n+1}|}\, \frac{1}{1/\phi'(s_{n+1})}\, Df(x_n)\, v_n \\[2mm]
&= \frac{|v_n|}{|v_{n+1}|}\, \frac{1}{1/\phi'(s_{n+1})}\, Df(x_n)\, e_n^- = \frac{1}{t_n^-}\, Df(x_n)\, e_n^- \ ,
\end{aligned} \tag{5}$$

wenn wir

$$t_n^- = \frac{|v_{n+1}|}{|v_n|\,\phi'(s_{n+1})}$$

setzen. Weiter folgt

$$\lim_{n\to-\infty} e_n^- = \mathrm{sgn}\nu \lim_{n\to-\infty} \frac{v_n}{|v_n|} = \mathrm{sgn}\nu\, \frac{\nu e^-}{|\nu|} = e^- \ .$$

Damit ist (ii) für e_n^- gezeigt. Um (iii) einzusehen, verwenden wir (2) und (5), aus denen sich

$$\lim_{n\to-\infty} |t_n^-| = \lim_{n\to-\infty} |Df(x_n)\, e_n^-| = |Df(z)\, e^-| = \lambda^-$$

ergibt. Hieraus leitet man die erste Ungleichung in (iii) unschwer ab.

Um die verbleibenden Behauptungen von Lemma 1 zu beweisen, betrachten wir eine Folge $(v_n)_{n \in N_0}$ von Vektoren mit

$$v_{n+1} = Df(x_n)\, v_n \quad \text{für} \quad n \geq 0$$

derart, daß v_0 transversal zu Γ^+ in x_0 ist, d.h. v_0 und $\gamma'_+(s_+)$ sind linear unabhängig. Auf Grund von (FH), (3) und der Invertierbarkeit von $Df(x_n)$ ist dann v_n transversal zu Γ^+ in x_n für alle $n \geq 0$, und es gilt das

Lemma 2: Die Richtungen der v_n konvergieren für $n \to \infty$ gegen die Richtung der Tangente von Γ^- in z.

Zum Beweis dieses Lemmas verweisen wir auf [6].

Aus (FH), $(4)(b)$ und Lemma 2 folgt, daß die Richtungen der e_n^- für $n \to \infty$ gegen die Richtung von e^- konvergieren. Da e_n^- und e^- Einheitsvektoren sind, ist klar, daß die Vorzeichen in (4) so eingerichtet werden können, daß gilt $\lim_{n \to \infty} e_n^- = e^-$.

Um (v) zu beweisen, bemerken wir, daß aus (i)

$$\lim_{n \to \infty} |t_n^-| = \lim_{n \to \infty} |Df(x_n)\, e_n^-| = |Df(z)\, e^-| = \lambda^-$$

folgt, woraus man die erste Ungleichung leicht ableitet.

Damit ist der Beweis von Lemma 1 beendet.

Das folgende Lemma stellt eine geringfügige Erweiterung von Lemma 1 dar.

Lemma 3: Es gelte die Fundamentalhypothese (FH). Dann gibt es zwei Mengen von Einheitsvektoren $h_n^+, h_n^-, n \in \mathbf{Z}$ derart, daß h_n^+ und h_n^- linear unabhängig sind, reelle Zahlen $\lambda_n^+, \lambda_n^-, n \in \mathbf{Z}$, und positive Konstanten $\theta_2 \in (0,1), \tau_2 > 1$, so daß die folgenden Aussagen gelten:

(a) $h_{n+1}^\pm = \frac{1}{\lambda_n^\pm}\, Df(x_n)\, h_n^\pm, \; n \in \mathbf{Z},$

(b) $\lim_{n \to \pm\infty} h_n^- = e^-, \; \lim_{n \to \pm\infty} h_n^+ = e^+,$

(c) $\frac{1}{\tau_2} \leq |\lambda_n^+| \leq \theta_2 < 1$ und $1 < \frac{1}{\theta_2} \leq |\lambda_n^-| \leq \theta_2$ für alle $n \in I\!N$.

Beweis: Die Idee des Beweises ist, $h_n^\pm = e_n^\pm$ zu setzen für genügend großes $|n|$ und die Längen von endlich vielen $e_n^\pm$ zu ändern. Wir machen die Konstruktion für die e_n^+. Wir setzen

$$Q(n) = \prod_{i=-n}^{n} |t_i^+| \quad \text{für jedes} \quad n \in I\!N_0 \,.$$

Sei $N \in I\!N$ die Konstante in Lemma 1. Dann gibt es ein $M \geq N$ derart, daß gilt

$$Q(M) = \prod_{i=-M}^{M} |t_i^+| \leq Q(N)\, \theta_1^{2(M-N)} < 1 \;.$$

Setze

$$\theta^+ = (Q(M))^{\frac{1}{2M+1}} < 1$$

und definiere

$$d_n^+ = \left\{ \begin{array}{ll} 1 \;, & \text{falls } \; n \leq -M \; \text{ oder } \; n > M \;, \\[2mm] \frac{t_{n-1}^+\, d_{n-1}^+}{\theta^+} \;, & \text{falls } \; -M < n \leq M \end{array} \right.$$

sowie

$$h_n^+ = d_n^+ \, e_n^+ \quad \text{für} \quad n \in \mathbf{Z} \;.$$

Dann folgt für jedes $n \in \mathbf{Z}$

$$h_{n+1}^+ = d_{n+1}\, e_{n+1}^+ = \frac{d_{n+1}^+}{t_n^+}\, Df(x_n)\, e_n^+ = \frac{1}{\lambda_n^+}\, Df(x_n)\, h_n^+ \;,$$

wenn

$$\lambda_n^+ = \frac{t_n^+\, d_n^+}{d_{n+1}^+}$$

gesetzt wird. Weiter ist

$$|\lambda_n^+| = \left\{ \begin{array}{ll} \theta^+, & \text{falls } \; |n| \leq M \;, \\[2mm] |t_n^+|, & \text{falls } \; |n| > M \;. \end{array} \right.$$

Das vollendet den Beweis von Lemma 3.

Beweis von Satz 4.23: Die Menge A ist offensichtlich beschränkt, und z ist der einzige Häufungspunkt von A. Damit ist A abgeschlossen und somit kompakt. Als Vereinigung zweier Orbits ist A invariant. Definiert man

$$h^+(x_n) = h_n^+, \; h^-(x_n) = h_n^- \quad \text{für} \quad n \in \mathbf{Z}$$

und

$$h^+(z) = e^+, \; h^-(z) = e^-$$

mit $h_n^\pm$ nach Lemma 3, so sind h_n^+ und h_n^- für jedes $n \in \mathbf{Z}$ linear unabhängig als Eigenvektoren zu verschiedenen Eigenwerten von $Df(x_n)$. Die Vektoren e^+ und e^- sind ebenfalls linear unabhängig. Zu zeigen ist noch die Stetigkeit der Funktionen $h^+(x)$ und $h^-(x)$ für

$x \in A$. Diese braucht aber nur für $x = z$ bewiesen zu werden. Diese folgt aber aus (b) von Lemma 3.

Definiert man schließlich noch

$$\lambda^+(x_n) = \lambda_n^+ \ , \ \ \lambda^-(x_n) = \lambda_n^- \ \ \text{für} \ \ n \in \mathbf{Z}$$

und

$$\lambda^+(z) = \lambda^+ \ , \ \ \ \lambda^-(z) = \lambda^-$$

mit $\lambda_n^\pm$ nach Lemma 3, so sehen wir, daß alle Bedingungen dafür erfüllt sind, daß A eine hyperbolische Menge ist.

Definition: Sei $f : I\!R^2 \to I\!R^2$ ein Diffeomorphismus, und sei $A \subseteq I\!R^2$ eine hyperbolische Menge. Dann heißt eine Folge $q = (q_n)_{n \in \mathbf{Z}}$, $q_n \in A$, ein Pseudo-Orbit. Ein Pseudo-Orbit heißt ε-Pseudo-Orbit, wenn es ein $\varepsilon > 0$ gibt mit

$$\|q_{n+1} - f(q_n)\|_2 \le \varepsilon \ \ \text{für alle} \ \ n \in \mathbf{Z} \ .$$

ε-Pseudo-Orbits sind also "Fast-Orbits". Die Nützlichkeit dieses Konzepts liegt in der Gültigkeit des sog. "Schatten-Lemmas", welches wir formulieren als

Satz 4.24: Gegeben seien ein Diffeomorphismus $f : I\!R^2 \to I\!R^2$ und eine zugehörige hyperbolische Menge $A \subseteq I\!R^2$. Dann gibt es ein $\rho_0 > 0$ derart, daß für jedes $\rho \in (0, \rho_0)$ das Folgende gilt: Es gibt ein $\varepsilon = \varepsilon(\rho)$ derart, daß für jeden ε-Pseudo-Orbit $q = (q_n)_{n \in \mathbf{Z}}$ ein eindeutiger ρ-Schatten-Orbit $p = (p_n)_{n \in \mathbf{Z}}$ existiert mit

$$\|p_n - q_n\|_2 \le \rho \ \ \text{für alle} \ \ n \in \mathbf{Z} \ .$$

Der Beweis dieses Satzes erfordert einige Vorbereitungen. Sei X der Raum der beschränkten zweifach-unendlichen 2-Vektorfolgen, d.h.

$$X = \{x = (x_n)_{n \in \mathbf{Z}} |\ x_n \in I\!R^2, \ \sup_{n \in \mathbf{Z}} \|x_n\|_2 < \infty\} \ .$$

Mit

$$\|x\| = \sup_{n \in \mathbf{Z}} \|x_n\|_2 \ , \ \ x = (x_n)_{n \in \mathbf{Z}} \in X \ ,$$

wird X zu einem Banach-Raum.

Gegeben seien Folgen reeller Zahlen $\lambda_n^+, \lambda_n^-, n \in \mathbf{Z}$, mit

$$\frac{1}{\tau} \le |\lambda_n^+| \le \theta < 1 \ , \ \ \ 1 < \frac{1}{\theta} \le |\lambda_n^-| \le \tau \ , \ \ \ n \in \mathbf{Z} \ ,$$

für zwei Zahlen $\theta \in (0, 1)$ und $t > 1$. Wir setzen

$$A_n = \begin{pmatrix} \lambda_n^+ & 0 \\ 0 & \lambda_n^- \end{pmatrix} \ \ \text{für jedes} \ \ n \in \mathbf{Z}$$

und definieren einen linearen Operator $L : X \to X$ vermöge

$$(Lx)_n = x_{n+1} - A_n\, x_n \, , \quad x = (x_n)_{n \in \mathbf{Z}} \in X \, .$$

Der Operator L ist beschränkt, mithin stetig. Man zeigt nämlich unschwer, daß gilt

$$\|Lx\| \le (1 + \tau)\, \|x\| \quad \text{für alle} \quad x \in X \, .$$

Darüber hinaus gilt das

Lemma 4: L ist ein linearer Homöomorphismus von X auf sich und erfüllt die Ungleichung

$$\|L^{-1}x\| \le \frac{1}{1 - \theta}\, \|x\| \quad \text{für alle} \quad x \in X \, .$$

Beweis: Wir zeigen zunächst, daß L injektiv ist. Sei also $Lx = 0$ für ein $x = \left(\begin{pmatrix} x_n^1 \\ x_n^2 \end{pmatrix} \right)_{n \in \mathbf{Z}} \in X$. Dann folgt

$$x_{n+1}^1 = \lambda_n^+ \, x_n^1 \quad \text{und} \quad x_{n+1}^2 = \lambda_n^- \, x_n^2 \quad \text{für alle} \quad n \in \mathbf{Z}$$

und weiter

$$x_n^1 = \frac{1}{\lambda_n^+ \, \lambda_{n+1}^+ \dots \lambda_{-1}^+} \, x_0^1 \quad \text{für alle} \quad n < 0$$

sowie

$$x_n^2 = \lambda_{n-1}^- \, \lambda_{n-1}^- \dots \lambda_0^- \, x_0^2 \quad \text{für alle} \quad n > 0 \, ,$$

mithin

$$|x_n^1| \ge \frac{|x_0^1|}{\theta^n} \quad \text{für alle} \quad n < 0$$

sowie

$$|x_n^2| \ge \frac{x_0^2}{\theta^n} \quad \text{für alle} \quad n > 0 \, .$$

Daraus ergibt sich im Falle $x_0^1 \ne 0$ oder $x_0^2 \ne 0$

$$\lim_{n \to -\infty} |x_n^1| = \infty \quad \text{oder} \quad \lim_{n \to \infty} |x_n^2| = \infty \, ,$$

was nicht möglich ist. Folglich gilt $x_0^1 = x_0^2 = 0$, was $x = 0$ impliziert und die Injektivität von L beweist.

Um die Surjektivität von L zu beweisen, geben wir uns ein $f = \left(\begin{pmatrix} f_n^1 \\ f_n^2 \end{pmatrix} \right)_{n \in \mathbf{Z}} \in X$ vor und betrachten die Gleichung

$$Lx = f \, ,$$

d.h.

$$x_{n+1} - A_n\, x_n = f_n \quad \text{für alle} \quad n \in \mathbf{Z} \, .$$

Setzen wir $x_n = \begin{pmatrix} x_n^1 \\ x_n^2 \end{pmatrix}$ für jedes $n \in \mathbf{Z}$, so erhalten wir für jedes $n \in \mathbf{Z}$ die beiden Gleichungen

$$x_n^1 = f_{n-1}^1 + \lambda_{n-1}^+ f_{n-2}^1 + \lambda_{n-1}^+ \lambda_{n-2}^+ f_{n-3}^1 + \cdots$$
$$x_n^2 = -\frac{1}{\lambda_n^-} f_n^2 - \frac{1}{\lambda_n^- \lambda_{n+1}^-} f_{n+1}^2 - \frac{1}{\lambda_n^- \lambda_{n+1}^- \lambda_{n+2}^-} f_{n+2}^2 - \cdots \, .$$

Es ist leicht zu sehen, daß die beiden unendlichen Reihen konvergieren und daß gilt

$$|x_n^1|, |x_n^2| \leq \frac{1}{1-\theta} \|f\| \, ,$$

woraus die Existenz von L^{-1} und

$$\|L^{-1} f\| \leq \frac{1}{1-\theta} \|f\| \quad \text{für alle} \quad f \in X$$

folgt, was den Beweis vollendet.

Gegeben sei eine hyperbolische Menge $A \subseteq I\!R^2$ für die Abbildung $f : I\!R^2 \to I\!R^2$ im Schatten-Lemma. Dann definieren wir die Abbildung $T : A \to I\!R^{2 \times 2}$ vermöge

$$T(x) = (h^+(x)|\, h^-(x)) \, , \quad x \in A \, ,$$

wobei h^+ und h^- die stetigen Vektorfelder sind, die zu A gehören. Für diese Abbildung gilt das

Lemma 5:

(i) Für alle $x \in A$ existiert die Inverse $T(x)^{-1}$ von $T(x)$; es existiert eine Konstante $\tau_3 > 0$ mit

$$\|T(x)\| < \tau_3 \quad \text{und} \quad \|T(x)^{-1}\| < \tau_3 \quad \text{für alle} \quad x \in A \, ;$$

für jedes $\varepsilon > 0$ sei

$$\delta(\varepsilon) = \sup\{\|T(x)^{-1} - T(\bar{x})^{-1}\| |\, x, \bar{x} \in A, \|x - \bar{x}\|_2 \leq \varepsilon\} \, ;$$

dann folgt $\lim_{\varepsilon \to 0} \delta(\varepsilon) = 0$.

(ii) Für jedes $x \in A$ sei $C(x) = T(f(x))^{-1} Df(x) T(x)$; dann ist

$$C(x) = \begin{pmatrix} \lambda^+(x) & 0 \\ 0 & \lambda^-(x) \end{pmatrix} .$$

Beweis: Da $h^+(x)$ und $h^-(x)$ linear unabhängig sind, ist $\Delta(x) = det(T(x)) \neq 0$ für alle $x \in A$. Damit existiert $T(x)^{-1}$ für alle $x \in A$. Da h^+ und h^- stetig sind, sind T, T^{-1} und Δ ebenfalls stetig und da A kompakt ist, folgt die Beschränktheit von T und T^{-1} auf A. δ ist der Stetigkeitsmodul von T^{-1}, woraus wiederum wegen der Kompaktheit von A die Behauptung $\lim_{\varepsilon \to 0} \delta(\varepsilon) = 0$ folgt.
Die Behauptung (ii) folgt aus der Definition (1) für eine hyperbolische Menge.

Beweis von Satz 4.24: Der Beweis vollzieht sich in mehreren Schritten.

(1) Zunächst bemerken wir, daß es eine Abbildung $\hat{f} : A \times \{\eta \in I\!\!R^2|\ \|\eta\|_2 \leq 1\} \to I\!\!R^2$ und eine Konstante $c > 0$ gibt mit

$$f(\xi + \eta) = f(\xi) + Df(\xi)\eta + \hat{f}(\xi,\eta) , \quad (\xi,\eta) \in A \times \{\eta \in I\!\!R^2|\ \|\eta\|_2 \leq 1\}$$

und

$$\|Df(\xi)\| \leq c , \quad \|\hat{f}(\xi,\eta)\|_2 \leq c\|\eta\|_2^2 , \quad \|D_2\hat{f}(\xi,\eta)\| \leq c\|\eta\|_2 ,$$

wobei D_2 die Ableitung nach der zweiten Variablen bedeutet.

(2) Sei $q = (q_n)_{n \in \mathbf{Z}}$ ein ε-Pseudo-Orbit. Wegen $q_n \in A$ für alle $n \in I\!\!N$ können wir die folgenden Größen einführen

$$\bar{q}_{n+1} = f(q_n) , \quad T_n = T(q_n) , \quad \bar{T}_{n+1} = T(\bar{q}_{n+1}) ,$$

$$A_n = \bar{T}_{n+1}^{-1} Df(q_n) T_n = \begin{pmatrix} \lambda^+(q_n) & 0 \\ 0 & \lambda^-(q_n) \end{pmatrix} .$$

Behauptung: q besitzt einen ρ-Schatten-Orbit genau dann, wenn eine Folge $(x_n)_{n \in \mathbf{Z}}$ existiert mit

(a) $\|T_n\, x_n\|_2 \leq \rho,$

(b) $x_{n+1} - A_n\, x_n = g_n(T_n x_n)$ für alle $n \in \mathbf{Z}$,

wobei

$$g_n(x) = T_{n+1}^{-1}(\bar{q}_{n+1} - q_{n+1}) + (T_{n+1}^{-1} - \bar{T}_{n+1}^{-1}) Df(q_n)\, x + T_{n+1}^{-1}\, \hat{f}(q,x) .$$

Sei p ein Schatten-Orbit von q. Dann definieren wir die Folge $(x_n)_{n\in\mathbf{Z}}$ vermöge $p_n = q_n + T_n\, x_n$. Die Bedingung (a) ist dann offensichtlich erfüllt. Aus $p_{n+1} = f(p_n)$ folgt

$$q_{n+1} + T_{n+1}\, x_{n+1} = f(q_n + T_n\, x_n) = \bar{q}_{n+1} + Df(q_n)\, T_n\, x_n + \hat{f}(q_n, T_n\, x_n) \, ,$$

woraus sich (b) ergibt.

Ist umgekehrt eine Folge $(x_n)_{n\in\mathbf{Z}}$ mit (a) und (b) vorgegeben, so ist $p = (p_n)_{n\in\mathbf{Z}}$ ein ρ-Schatten-Orbit von q, wenn man für jedes $n \in \mathbf{Z}$ definiert $p_n = q_n + T_n\, x_n$. Damit ist die Behauptung bewiesen.

Als nächstes notieren wir die folgenden Abschätzungen

$$\|g_n(x)\|_2 \leq \tau_3\, \varepsilon + \delta(\varepsilon)\, c\,\rho + \tau_3\, c\,\rho^2 \tag{6a}$$

und

$$\|Dg_n(x)\| \leq \delta(\varepsilon)\, c + \tau_3\, c\, q \, , \tag{6b}$$

falls $\|x\|_2 \leq \rho$.

(3) Gegeben seien Matrizen A_n, $n \in \mathbf{Z}$, wie in (2). Dann definieren wir einen Operator $L : X \to X$ wie in Lemma 4. Zusätzlich definieren wir einen linearen Operator $T : X \to X$ vermöge

$$(Tx)_n = T_n\, x_n \quad \text{für} \quad n \in \mathbf{Z} \, .$$

Man beachte, daß T ebenfalls ein linearer Homöomorphismus von X auf sich ist mit

$$\|Tx\| \leq \tau_3\|x\| \quad \text{für} \quad x \in X \, .$$

Schließlich definieren wir einen nichtlinearen Operator $G : B_1 = \{x \in X|\ \|x\| \leq 1\} \to X$ vermöge

$$(G(x))_n = g_n(x_n) \, , \quad n \in \mathbf{Z} \, , \quad x = (x_n)_{n\in\mathbf{Z}} \in X \, .$$

Wir benötigen die folgenden Eigenschaften von G.

Setze $\alpha = (1 - \theta)\, 2\tau_3$. Dann gilt das

Lemma 6: Es gibt ein positives $\rho_0 \leq 1$ derart, daß für jedes $\rho \in (0, \rho_0)$ ein $\varepsilon > 0$ existiert, so daß die folgenden Abschätzungen gelten:

$$\|G(v) - G(\tilde{v})\| \leq \alpha\|v - \tilde{v}\| \quad \text{für} \quad v, \tilde{v} \in B_\rho = \{x \in X|\ \|x\| \leq \rho\} \, , \tag{7a}$$

$$G(0) = c\,\rho \, . \tag{7b}$$

Beweis: Beachtet man $\|v\|$, $\|\tilde{v}\| \leq \rho$, so ergibt sich mit (6b)

$$\|(G(v))_n - (G(\tilde{v}))_n\|_2 \;=\; \|g_n(v_n) - g_n(\tilde{v}_n)\|_2 \leq \sup_{\|x\|_2 \leq \rho} \|Dg_n(x)\|\,\|v_n - \tilde{v}_n\|$$
$$\leq \; (\delta(\varepsilon)\,c + \tau_3\,c\,\rho_0)\,\|v - \tilde{v}\|$$

und somit

$$\|G(v) - G(\tilde{v})\| \leq (\delta(\varepsilon)\,c + \tau_3\,c\,\rho_0)\,\|v - \tilde{v}\| \; .$$

Nun wählen wir $\rho_0 \leq 1$ und $\varepsilon_0 > 0$ so klein, daß gilt

$$\tau_3 < \rho_0 < \frac{\alpha}{2} \quad \text{und} \quad \delta(\varepsilon_0) < \frac{\alpha}{2} \; .$$

Da $\delta(\varepsilon)$ mit ε monoton abnimmt impliziert dies folgendes:
Sind $\rho \in (0, \rho_0)$ und $\varepsilon \in (0, \varepsilon_0)$, so folgt (7a). Berücksichtigt man (6a), so folgt

$$\|g_n(0)\|_2 \leq \tau_3\,\varepsilon \quad \text{für alle } n \in \mathbf{Z} \; , \text{ mithin } \|G(0)\| \leq \tau_3\,\varepsilon \; .$$

Daher gibt es zu $\rho \in (0, \rho_0)$ ein $\varepsilon \in (0, \varepsilon_0)$ derart, daß (7b) erfüllt ist. Das vollendet den Beweis von Lemma 6.

Von jetzt an denken wir uns ρ und ε wie in Lemma 6 gewählt. Schließlich definieren wir noch den Operator $F : B_\rho \to X$ vermöge

$$F(v) = T\,L^{-1}\,G(v) \; , \quad v \in B_\rho \; .$$

(4) Behauptung: q besitzt einen ρ-Schatten-Orbit genau dann, wenn F einen Fixpunkt besitzt.

Beweis: Besitzt q einen ρ-Schatten-Orbit, dann gibt es ein $x \in X$, das die Bedingungen (a) und (b) in (2) erfüllt. Wir setzen $v = Tx$. Dann folgt $v \in B_\rho$ und $Lx = G(v)$. Das impliziert $x = L^{-1}G(v)$ und somit $v = Tx = TL^{-1}G(v)$. Sei umgekehrt $v \in B_\rho$ ein Fixpunkt von F. Dann setzen wir $x = T^{-1}v$. Offensichtlich gilt dann $\|Tx\| \leq \rho$. Darüber hinaus gilt $v = T\,L^{-1}\,G(v)$, mithin

$$x = L^{-1}\,G(Tx) \quad \text{oder} \quad G(Tx) \; .$$

Um den Beweis des Schatten-Lemmas zu beenden, zeigen wir, daß $F : B_\rho \to B_\rho$ eine Kontraktion ist und somit genau einen Fixpunkt besitzt. Seien $v, \tilde{v} \in B_\rho$ vorgegeben. Dann folgt

$$\|F(v) - F(\tilde{v})\| = \|TL^{-1}G(v) - TL^{-1}G(\tilde{v})\| \leq \tau_3\,\frac{1}{1-\theta}\,\alpha = \frac{1}{2}\,\|v - \tilde{v}\|$$

und

$$\|F(v)\| \leq \|F(0)\| + \|F(v) - F(0)\| \leq \tau_3\,\frac{1}{1-\theta}\,\alpha\rho + \frac{1}{2}\,\rho = \rho \; .$$

Damit ist der Beweis von Satz 4.24 beendet.

Das Ziel dieses Abschnitts ist ein zentraler Satz von Smale, der eine Aussage macht über chaotisches Verhalten eines Diffeomorphismus $f : I\!R^2 \to I\!R^2$, für den die Fundamentalhypothese (FH) erfüllt ist. Nach Satz 4.23 ist dann $A = \{z\} \cup \{n_x \mid n \in \mathbf{Z}\}$ hyperbolisch, wobei $(x_n)_{n \in \mathbf{Z}}$ der zugehörige transversale homokline Orbit ist, und Satz 4.24 ist anwendbar. Wir wählen $\rho \in (0, \rho_0)$ so, daß gilt $\rho \leq \frac{1}{3} \|x_0 - z\|_2$ und bestimmen $\varepsilon = \varepsilon(\rho)$ gemäß Satz 4.24.

Da $\lim_{n \to \pm\infty} x_n = z$ ist, können wir $N \in I\!N$ derart finden, daß

$$Q_1 = z, x_{-N}, x_{-N+1}, \ldots, x_{-1}, x_0, x_1, \ldots, x_N, z$$

ein Abschnitt des ε-Pseudo-Orbits ist. Weiter setzen wir

$$Q_0 = \underbrace{z, z, z, \ldots, z, z, z, \ldots, z, z}_{m=2N+3\text{-mal}} \ .$$

Jeder Folge $s = (\ldots s_{-1}, s_0 s_1 \ldots) \in \sum_2^2 = \{0, 1\}^{\mathbf{Z}}$ ordnen wir den ε-Pseudo-Orbit

$$q_s = (\ldots Q_{s_{-2}} Q_{s_{-1}}, Q_{s_0} Q_{s_1} \ldots)$$

zu. Sei $p = (p_n)_{n \in \mathbf{Z}}$ der (gemäß Satz 4.24) eindeutig zugeordnete ρ-Schatten-Orbit. Damit definieren wir eine Abbildung $h : \sum_2^2 \to I\!R^2$ gemäß $h(s) = p_{N+1}$. Schließlich sei $\sigma : \sum_2^2 \to \sum_2^2$ wiederum die Shift-Abbildung gemäß

$$\sigma(\ldots s_{-1}, s_0\, s_1 \ldots) = (\ldots s_{-1}\, s_0,\, s_1\, s_2 \ldots) \ .$$

Dann lautet der Satz von Smale folgendermaßen:

Satz 4.25: Die m-te Potenz $f^m (m = 2N + 3)$ ist chaotisch in dem Sinne, daß sie zur Shift-Abbildung $\sigma : \sum_2^2 \to \sum_2^2$ auf der Menge $h(\sum_2^2)$ topologisch konjugiert ist, genauer: Die oben definierte Abbildung $h : \sum_2^2 \to h(\sum_2^2) \subseteq I\!R^2$ ist topologisch, und es gilt

$$h(\sigma(s)) = f^m(h(s)) \quad \text{für alle} \quad s \in \sum_2^2 \ . \tag{4.11}$$

Beweis: Wir beweisen zunächst die Gültigkeit von (4.11). Sei $s = (\ldots s_{-1}, s_0 s_1 \ldots) \in \sum_2^2$ vorgegeben, und sei $s' = \sigma(s)$. Dann folgt

$$q_s = (\ldots Q_{s_{-1}}, Q_{s_0} Q_{s_1} \ldots) \quad \text{und} \quad q_{s'} = (\ldots Q_{s_0}, Q_{s_1} Q_{s_2} \ldots) \ .$$

Ist $(p_n)_{n \in \mathbf{Z}}$ der zu q_s gehörige ρ-Schatten-Orbit, so ist $(p_{n+m})_{n \in \mathbf{Z}}$ der zu $q_{s'}$ gehörige ρ-Schatten-Orbit (da dieser eindeutig ist). Daraus folgt $h(\sigma(s)) = p_{N+1+m}$.
Andererseits ist

$$f^m(h(s)) = f^m(p_{N+1}) = p_{N+1+m} \ ,$$

was (4.11) beweist.

Als nächstes zeigen wir die Injektivität von h. Gegeben seien daher s, $s' \in \sum_2^2$ mit $s \neq s'$. Dann gibt es ein $k \in \mathbf{Z}$ mit $s_k \neq s'_k$. Damit sind die Abschnitte Q_{s_k} und $Q_{s'_k}$ von q_s und $q_{s'}$ verschieden. Sei etwa $s_k = 0$ und $s'_k = 1$. Dann gibt es ein $j \in \mathbf{Z}$ mit $(q_s)_j = z$ und $(q_{s'})_j = x_0$. Seien p bzw. p' die zu q_s bzw. $q_{s'}$ gehörigen ρ-Schatten-Orbits. Wegen $\rho \leq \frac{1}{3} \|x_0 - z\|_2$ folgt

$$\|p_j - p'_j\|_2 = \|p_j - z + (z - x_0) - p'_j\|_2 \geq \frac{1}{3} \|x_0 - z\|_2 \,,$$

d.h. $p_j \neq p'_j$, was $p_{N+1} \neq p'_{N+1}$ impliziert.

Schließlich zeigen wir die Stetigkeit von h, aus der die Stetigkeit der Umkehrabbildung $h^{-1} : h(\sum_2^2) \rightarrow \sum_2^2$ folgt, da $\sum_2^2$ ein kompakter metrischer Raum ist und $h(\sum_2^2)$ ein metrischer Raum. Sei also $(s_k)_{k \in I\!N}$ eine Folge in $\sum_2^2$ mit $s_k \rightarrow s \in \sum_2^2$ für ein $s \in \sum_2^2$. Seien q^k bzw. q die ε-Pseudo-Orbits, die zu s_k bzw. s gehören und p^k bzw. p die dazugehörenden ρ-Schatten-Orbits. Wegen $\|p^k_{N+1} - q^k_{N+1}\|_2 \leq \rho$, $q^1_{N+1} = z$ oder $q^k_{N+1} = x_0$ für alle $k \in I\!N$ ist die Folge $(p^k_{N+1})_{k \in I\!N}$ beschränkt. Wir zeigen, daß p_{N+1} der einzige Häufungspunkt dieser Folge ist, und sind damit am Ende des Stetigkeitsbeweises. Sei $\hat{p}_{N+1}$ irgendein Häufungspunkt von $(p^k_{N+1})_{k \in I\!N}$. Dann gibt es eine Teilfolge $(p^{k_i}_{N+1})_{i \in I\!N}$ mit $\hat{p}_{N+1} = \lim_{i \to \infty} p^{k_i}_{N+1}$. Betrachte $\hat{p}_{N+1+n} = f^n(\hat{p}_{N+1})$, $n \in \mathbf{Z}$. Zu zeigen ist

$$\|\hat{p}_{N+1+n} - q_{N+1+n}\|_2 \leq \rho \,.$$

Offenbar gilt

$$\|\hat{p}_{N+1+n} - q_{N+1+n}\|_2 \leq \|\hat{p}_{N+1+n} - p^{k_i}_{N+1+n}\|_2 + \|p^{k_i}_{N+1+n} - q^{k_i}_{N+1+n}\|_2 + \|q^{k_i}_{N+1+n} - q_{N+1+n}\|_2 \,,$$

wobei gilt

$$\lim_{i \to \infty} \|\hat{p}_{N+1+n} - p^{k_i}_{N+1+n}\|_2 = 0 \quad (\text{Übung}) \,,$$

$\|p^{k_i}_{N+1+n} - q^{k_i}_{N+1+n}\|_2 \leq \rho$ für alle $i \in I\!N$ und $q^{k_i}_{N+1+n} = q_{N+1+n}$ für alle genügend großen $i \in I\!N$ (Übung). Damit ist der Beweis des Satzes von Smale beendet.

4.7   Periodische Systeme in der Ebene

4.7.1   Das nichtlineare Pendel mit oszillierendem Aufhängepunkt

In Abschnitt 1.3 haben wir das nichtlineare ebene Pendel betrachtet und daran die Begriffe "Ruhepunkt" und "periodische Bewegung" eines Zeit-kontinuierlichen dynamischen Systems demonstriert. Dabei war der Aufhängepunkt fest gewählt. In diesem System sind nur die folgenden Bewegungsformen mglich:

(1) Ein periodisches Schwingen nach links und rechts im Winkelbereich $-\pi < \varphi < \pi$.

(2) Ein Kreisen im Uhrzeiger- oder Gegenuhrzeigersinn.

(3) Ein "Kriechen" im Uhrzeiger- oder Gegenuhrzeigersinn, bis nach unendlich langer Zeit das instabile Gleichgewicht des "auf dem Kopf stehenden" Pendels erreicht wird.

Ein chaotisches Verhalten dieses Systems ist also nicht möglich. Das ändert sich, wenn wir den Aufhängepunkt periodisch senkrecht auf und ab bewegen. Bezeichnet $v(t)$ die Auslenkung des Aufhängepunktes aus der Ruhelage zum Zeitpunkt t, dann ist $\ddot{v}(t)$ die Beschleunigung, mit der sich der Aufhängepunkt auf und ab bewegt. Der Bahnbeschleunigung $\ell \cdot \ddot{\varphi}(t)$ (ℓ = Pendellänge, $\varphi(t)$ = Winkel zwischen Pendelstab und der Senkrechten zur Zeit t) überlagert sich somit noch der Tangentialanteil $\ddot{v}(t) \sin \varphi(t)$ von $\ddot{v}(t)$. Damit lautet die Bewegungsgleichung des nichtlinearen ebenen Pendels mit auf- und abbewegtem Aufhängepunkt

$$\ell \ddot{\varphi}(t) + \ddot{v}(t) \sin \varphi(t) = -g \sin \varphi(t)$$

oder

$$\ddot{\varphi}(t) + \left(\frac{g}{\ell} + \frac{\ddot{v}(t)}{\ell}\right) \sin \varphi(t) = 0 \quad \text{für} \quad t \in I\!R .$$

Wir wählen speziell $\ell = 1$ und

$$v(t) = A \sin t , \quad t \in I\!R .$$

Dann ist $v(0) = 0$, $\dot{v}(0) = A$ = Amplitude der Auslenkung $v(t)$, und wir erhalten als Bewegungsgleichung

$$\ddot{\varphi}(t) + (g - A \sin t) \sin \varphi(t) = 0 \quad \text{für} \quad t \in I\!R .$$

Schließlich nehmen wir noch eine lineare Dämpfung der Form $D\dot{\varphi}(t)$ an und ersetzen g durch 1. Damit ergibt sich endgültig als Bewegungsgleichung

$$\ddot{\varphi}(t) + D\dot{\varphi}(t) + (1 - A \sin t) \sin \varphi(t) = 0 \quad \text{für} \quad t \in I\!R . \tag{4.12}$$

Definiert man $x_1(t) = \varphi(t)$, $x_2(t) = \dot{\varphi}(t)$ und nimmt an, daß gilt $A = a \cdot \varepsilon$ und $D = d\varepsilon$ (kleine Auf- und Abbewegung und kleine Dämpfung), so geht (4.12) über in das 2×2-System erster Ordnung

$$\begin{aligned}
\dot{x}_1(t) &= x_2(t) , \\
\dot{x}_2(t) &= -\sin x_1(t) + \varepsilon(a \sin t \sin x_1(t) - dx_2(t))
\end{aligned} \tag{4.13}$$

für $t \in I\!R$.

Definiert man $x(t) = (x_1(t), x_2(t))^T$, $f^0(x_1, x_2) = (x_2, -\sin x_1)^T$ und $f^1(t, x_1, x_2) = (0, a \sin t \sin x_1 - dx_2)^T$, so kann man für (4.13) auch schreiben

$$\begin{aligned}
\dot{x}(t) &= f^0(x_1(t), x_2(t)) + \varepsilon f^1(t, x_1(t)), x_2(t)) \\
&= f_\varepsilon(t, x_1(t), x_2(t)) \quad \text{für} \quad t \in I\!R ,
\end{aligned} \tag{4.14}$$

und es gilt

$$f_\varepsilon(t + 2\pi, x_1, x_2) = f_\varepsilon(t, x_1, x_2) \tag{4.15}$$

für alle $t \in I\!R$ und alle $x_1, x_2 \in I\!R$.

4.7.2   Die Poincaré-Abbildung und ihr chaotisches Verhalten

Wir betrachten im folgenden allgemeine Systeme der Form (4.14), wobei f^0 und f^1 genügend glatt angenommen werden und f^1 überdies 2π-periodisch bezüglich t, d.h.

$$f^1(t + 2\pi, x_1, x_2) = f^1(t, x_1, x_2)$$
$$\text{für alle} \quad t \in I\!R \quad \text{und} \quad x_1, x_2 \in I\!R \,, \tag{4.16}$$

woraus (4.15) folgt.

Das System (4.14) ist nicht autonom, d.h. die rechte Seite hängt explizit von t ab, aber p-periodisch, wie (4.15) zeigt. Daher läßt sich zeigen, daß (4.14) ein Zeit-diskretes dynamisches System definiert. Um das einzusehen, bemerken wir zunächst, daß für jedes $x \in I\!R^2$ genau eine Lösung $\psi_\varepsilon = \psi_\varepsilon(x, t)$, $t \in I\!R$ von (4.14) existiert mit $\psi_\varepsilon(x, 0) = x$ und

$$\psi_\varepsilon(x, t + 2\pi) = \psi_\varepsilon(\psi_\varepsilon(x, 2\pi), t) \quad \text{für alle} \quad t \in I\!R \,. \tag{4.17}$$

Setzt man nun $X = I\!R^2$, versehen mit der Euklidischen Norm $\| \cdot \|_2$ und definiert eine Abbildung $\hat{f}_\varepsilon : X \to I\!R^2$ vermöge

$$\hat{f}_\varepsilon(x) = \psi_\varepsilon(x, 2\pi) \,, \quad x \in I\!R^2 \,, \tag{4.18}$$

so ist $\hat{f}_\varepsilon$ stetig, und aus (4.17) folgt

$$\hat{f}_\varepsilon^n(x) = \psi(x, 2\pi n) \quad \text{für alle} \quad x \in I\!R^2 \quad \text{und} \quad n \in \mathbf{Z}$$

($\psi_\varepsilon : X \times I \to X$ mit $I = \{2\pi k | k \in \mathbf{Z}\}$ ist somit ein Zeit-diskreter Fluß).

Die durch (4.18) definierte Abbildung $\hat{f}_\varepsilon : X \to I\!R^2$ heißt Poincaré-Abbildung. Sie beschreibt das globale Verhalten von Lösungen von (4.14) und ist sogar ein Diffeomorphismus.

Mit Hilfe der in Abschnitt 4.6 entwickelten Theorie soll jetzt untersucht werden, unter welchen Bedingungen die Poincaré-Abbildung sich chaotisch verhält. Zu dem Zweck machen wir die folgenden Annahmen:

(1) f^0 ist Hamiltonisch, d.h., es gibt eine sog. Hamilton-Funktion $H : I\!R^2 \to I\!R$ mit

$$f^0(x_1, x_2) = (\frac{\partial H}{\partial x_2}(x_1, x_2), -\frac{\partial H}{\partial x_1}(x_1, x_2))^T \,, \quad (x_1, x_2) \in I\!R^2 \,.$$

(2) Es gibt einen hyperbolischen Gleichgewichtspunkt $\hat{x} \in I\!R^2$ von f^0, d.h. einen Punkt $\hat{x} \in I\!R^2$ mit $f^0(\hat{x}) = \theta_2$ derart, daß für die Eigenwerte λ_1 und λ_2 der Jacobi-Matrix $Df^0(\hat{x})$ gilt

$$\lambda_1 < 0 < \lambda_2 = -\lambda_1 \,.$$

(3) Zu $\hat{x}$ gibt es eine sog. Separatrix-Lösung $x_s = x_s(t)$ von $\dot{x}(t) = f^0(x(t))$ mit
$$\lim_{t \to \pm\infty} x_s(t) = \hat{x}.$$

Damit definieren wir die sog. Melnikov-Funktion $M : I\!R \to I\!R$ vermöge

$$M(\sigma) = \int\limits_{-\infty}^{\infty} f^0(x_s(t)) \times f^1(t - \sigma, x_s(t))\, dt, \quad \sigma \in I\!R , \tag{4.19}$$

wobei "$\times$" das Vektorprodukt in der Ebene bezeichnet, d.h.

$$\begin{pmatrix} a_1 \\ a_2 \end{pmatrix} \times \begin{pmatrix} b_1 \\ b_2 \end{pmatrix} = a_1 b_2 - a_2 b_1 .$$

Für das System (4.13) ergibt sich als Melnikov-Funktion

$$\begin{aligned} M(\sigma) &= \int\limits_{-\infty}^{\infty} \begin{pmatrix} x_{s1}(t) \\ -\sin x_{s1}(t) \end{pmatrix} \times \begin{pmatrix} 0 \\ a\sin(t-\sigma)\sin x_{s1}(t) - d x_{s2}(t) \end{pmatrix} dt \\ &= \int\limits_{-\infty}^{\infty} (a\sin(t-\sigma)\sin x_{s1}(t) - d x_{s2}(t))\, x_{s2}(t)\, dt , \quad \sigma \in I\!R . \end{aligned} \tag{4.20}$$

Entscheidend für den Zusammenhang mit den Ergebnissen in Abschnitt 4.6 ist nun der

Satz 4.26: Für das allgemeine System (4.14) mit der Periodizitätsbedingung (4.16) seien die obigen Annahmen (1), (2) und (3) erfüllt. Ferner besitze die Melnikov-Funktion (4.19) eine einfache Nullstelle $\sigma^* \in I\!R$. Dann erfüllt die durch (4.18) definierte Poincaré-Abbildung die Fundamentalhypothese (FH), wenn $\varepsilon > 0$ genügend klein ist.

Nach Satz 4.25 gibt es dann ein $m \in I\!N$ derart, daß $\hat{f}_\varepsilon^m$ chaotisch ist in dem Sinne, daß $\hat{f}_\varepsilon^m$ zur Shift-Abbildung $\sigma : \Sigma_2^2 \to \Sigma_2^2$ auf einer geeigneten Teilmenge von $I\!R^2$ topologisch konjugiert ist.

Wir wollen den umfangreichen Beweis des Satzes 4.26 nicht führen und verweisen dazu auf die Arbeit [6] von Kirchgraber und Stoffer.

Wir wollen diesen Satz aber noch auf das oszillierende ebene Pendel anwenden. Dazu betrachten wir das System (4.13). Wir bemerken zunächst, daß

$$f^0(x_1, x_2) = (x_2, -\sin x_1)^T , \quad (x_1, x_2) \in I\!R^2 ,$$

Hamiltonisch ist, und zwar mit der Hamilton-Funktion

$$H(x_1, x_2) = \frac{1}{2} x_2^2 - \cos x_1 , \quad (x_1, x_2) \in I\!R^2 .$$

Definiert man $\hat{x} = (-\pi, 0)$, so ist

$$f^0(\hat{x}) = (0,0)^T \quad \text{und} \quad Df^0(\hat{x}) = \begin{pmatrix} 0 & 1 \\ 1 & 0 \end{pmatrix} .$$

$Df^0(\hat{x})$ hat also die Eigenwerte $\lambda_1 = -1 < 0 < \lambda_2 = 1 = -\lambda_1$. $\hat{x}$ ist also ein hyperbolischer Gleichgewichtspunkt von f^0. Schließlich ist

$$x_s(t) = (2\arctan(\sin h\, t), \frac{2}{\cos h\, t})^T , \quad t \in I\!R ,$$

eine Lösung von $\dot{x}(t) = f^0(x(t))$ mit $\lim\limits_{t \to \pm\infty} x_s(t) = (\pm\pi, 0)^T$. Damit erfüllt das System (4.13) die Bedingungen (1), (2) und (3) in Satz 4.26.
Durch Einsetzen in (4.20) unter Verwendung von

$$\dot{x}_s(t) = \left(\frac{2}{\cos h\,t},\ -2\,\frac{\tan h\,t}{\cos h\,t}\right)^T, \quad t \in I\!R,$$

ergibt sich die Melnikov-Funktion

$$M(\sigma) = 4a \int\limits_{-\infty}^{\infty} \sin(t - \sigma)\,\frac{\tan h\,t}{\cos h\,t}\,dt - 4d \int\limits_{-\infty}^{\infty} \frac{1}{(\cos h\,t)^2}\,dt, \quad \sigma \in I\!R.$$

Diese läßt sich auswerten, denn es ist

$$\int\limits_{-\infty}^{\infty} \sin(t-\sigma)\,\frac{\tan h\,t}{\cos h\,t}\,dt = -\int\limits_{-\infty}^{\infty} \sin(t-\sigma)\,\frac{d}{dt}\left(\frac{1}{\cos h\,t}\right)dt$$

$$= \int\limits_{-\infty}^{\infty} \cos(t-\sigma)\cdot\frac{1}{\cos h\,t}\,dt = \cos\sigma \int\limits_{-\infty}^{\infty} \frac{\cos t}{\cos h\,t}\,dt = \frac{\frac{\pi}{2}}{\sin h\,\frac{\pi}{2}}\cos\sigma$$

und

$$\int\limits_{-\infty}^{\infty} \frac{dt}{(\cos h\,t)^2} = 4 \int\limits_{-\infty}^{\infty} \frac{e^{2t}}{(e^{2t}+1)^2}\,dt = 2\int\limits_{0}^{\infty} \frac{dy}{(y+1)^2} = -\frac{2}{y+1}\,\Big|_{0}^{\infty} = 2.$$

Damit ist

$$M(\sigma) = 4a\,\frac{\frac{\pi}{2}}{\sin\frac{\pi}{2}}\cos\sigma - 8d, \quad s \in I\!R,$$

und besitzt eine einfache Nullstelle (zwischen 0 und $\frac{\pi}{2}$), falls $M(0) > 0$ ist, d.h.

$$d < \frac{\frac{\pi}{4}}{\sin h\,\frac{\pi}{2}}\,a \approx 0.34a.$$

Unter dieser Annahme ist der Satz 4.26 anwendbar und impliziert, daß die Poincaré-Abbildung (4.18) für genügend kleines $\varepsilon > 0$ der Fundamentalhypothese (FH) genügt.

5 Bibliographische Bemerkungen

Die abstrakte Definition eines dynamischen Systems in Abschnitt 1.1 geht auf G.D. Birkhoff [2] (vgl. auch [15]) zurück. Für metrische Räume X findet sie sich in dem Aufsatz "What is a Dynamical System?" von G.R. Sell in [5] und für uniforme Räume X in [16]. Dort wird auch gezeigt, wie einem nichtautonomen Differentialgleichungssystem

$$\dot{x} = f(x,t) \quad \text{mit} \quad f \in C(W \times I\!R, I\!R^n) \, ,$$

$W \subseteq I\!R^n$ offen, ein dynamisches System zugeordnet werden kann (vgl. dazu auch Abschnitt 2.3).

Der Abschnitt 1.2 über elementare Eigenschaften dynamischer Systeme wurde ebenfalls dem genannten Aufsatz von G.R. Sell entnommen. Dieser enthält auch einen kurzen Abriß der Poincaré-Bendixon Theorie für Systeme in der Ebene, die wir in Abschnitt 1.3 ausführlich dargestellt haben.

Weiter finden sich die grundlegenden Definitionen für diskrete dynamische Systeme in Abschnitt 1.5.1 in diesem Aufsatz. Die in den Abschnitten 1.5.2 und 1.5.3 dargestellte Lyapunovsche Methode und Stabilitätstheorie für diskrete dynamische Systeme wurden einem Aufsatz von J.P. LaSalle in [5] entnommen.

Dem Beispiel von G.R. Sell in [5] und [16] folgend, kann man dem System (2.2) ein dynamisches System zuordnen. Zu dem Zweck nehmen wir an, daß die Funktionen $f_i :$ $I\!R^{n+m} \to I\!R$ für $i = 1, \ldots, n$ stetig und beschränkt sind.

Jeder Funktion $u \in C(I\!R, I\!R^m)$ ordnen wir nun eine Funktion $f^u \in C_b(I\!R^{n+1}, I\!R^n) =$ Vektorraum der beschränkten stetigen Funktionen $g : I\!R^n \times I\!R \to I\!R^n$ zu vermöge

$$f^u(x,t) = f(x, u(t)) \, , \ (x,t) \in I\!R^{n+1} \, ,$$

und setzen

$$X = \{ f^u \mid u \in C(I\!R, I\!R^m) \} \, .$$

Dann ist X ein metrischer Raum mit der Metrik

$$d(f^{u_1}, f^{u_2}) = \sup_{(x,t) \in R^{n+1}} \| f^{u_1}(x,t) - f^{u_2}(x,t) \|_2$$

$f^{u_1}, f^{u_2} \in X$, wobei $\| \cdot \|_2 =$ Euklidische Norm in $I\!R^n$.

Das System (2.2) kann geschrieben werden in der Form

$$\dot{x}(t) = f^u(x(t), t) \, , \ t \in I\!R \, . \tag{2.2$'$}$$

Nach der in Abschnitt 2.1.1 getroffenen Annahme gibt es für jedes $u \in C(I\!R, I\!R^m)$ und jeden Punkt $x_0 \in I\!R^n$ genau eine Lösung $x = \varphi_u(x_0, t) \in C^1(I\!R, I\!R^n)$ von (2.2') mit $\varphi_u(x_0, 0)$. Mit Hilfe dieser Lösung definieren wir nun eine Abbildung $\pi : I\!R^n \times X \times I\!R \to I\!R^n \times X$ vermöge

$$\pi(x, f^u, \tau) = (\varphi_u(x, \tau), f^u_\tau) , \quad x \in I\!R^n, \ f^u \in X, \ \tau \in I\!R ,$$

wobei

$$f^u_\tau(x, t) = f^n(x, t + \tau) \quad \text{für alle} \quad (x, t) \in I\!R^{n+1} .$$

Offenbar gilt

$$\pi(x, f^u, 0) = (x, f^u) \quad \text{für alle} \quad (x, f^u) \in I\!R^n \times X ,$$

d.h. die Identitätseigenschaft liegt vor.
Setzt man

$$\varphi(\tau) = \varphi_u(x, \tau) \quad \text{und} \quad \psi(\tau) = \varphi(\tau + \sigma)$$

für $x \in I\!R^n$, τ, $\sigma \in I\!R$, so folgt

$$\dot\psi(\tau) = f^u_\sigma(\psi(\tau), \tau) \quad \text{für} \quad \tau \in I\!R \quad \text{und} \quad \psi(0) = \varphi(\sigma) = \varphi_u(x, \sigma) .$$

Damit ergibt sich

$$\pi(x, f^u, \tau + \sigma) = (\varphi(\tau + \sigma), f^u_{\tau+\sigma}) = (\psi(\tau), f^u_{\tau+\sigma})$$
$$= \pi(\varphi_u(x, \sigma), f^u_\sigma, \tau) = \pi(\pi(x, f^u, \sigma), \tau) ,$$

d.h. auch Halbgruppeneigenschaft liegt vor.

Für den Nachweis der Stetigkeit von $\pi : I\!R^n \times X \times I\!R \to I\!R^n \times X$ verweisen wir auf [16]. Damit definiert die Abbildung π ein dynamisches System im Sinne von Abschnitt 1.1.

Die in den Abschnitten 2.1.2 und 2.1.3 untersuchte Steuerbarkeit und restringierte Null-Steuerbarkeit linearer Systeme findet sich auch in dem Büchlein [9].

Die Theorie Zeit-diskreter dynamischer Spiele, die in Abschnitt 3.2 dargestellt wurde, wurde in [10] entwickelt und ist aus der Untersuchung eines Abrüstungsmodells hervorgegangen.

Der in Abschnitt 4.1 eingeführte Chaosbegriff wurde von Robert L. Devaney in seinem Buch [3] geprägt. Chaos hat nach Devaney drei Eigenschaften: Dichtheit der Periodenpunkte, topologische Transitivität und sensitive Abhängigkeit von Anfangswerten. In [1] haben J. Banks und Koautoren allerdings gezeigt, daß die ersten beiden Eigenschaften die dritte implizieren.

Das paradigmatische Beispiel einer chaotischen Abbildung ist die Shift-Abbildung im Raume $\sum$ der unendlichen $0-1$-Folgen, bei der nicht nur die Menge der Periodenpunkte im Raume $\sum$ dicht liegt, sondern sogar ein im Raume $\sum$ dichter periodischer Orbit existiert, woraus man die topologische Transitivität leicht ableitet. In [7] nennt U. Kirchgraber das von der Shift-Abbildung erzeugte Chaos Chaos im Sinne des Münzwurfs. Dieses läßt sich auf folgende Weise mit dem chaotischen Verhalten von eindimensionalen stetigen Abbildungen $F : I\!R \to I\!R$ in Verbindung bringen: Wir nehmen an, daß es zwei abgeschlossene Intervalle A_0 und A_1 gibt mit $A_0 \cap A_1 =$ leere Menge,

$$F(A_0) \subseteq A_0 \cup A_1 \quad \text{und} \quad F(A_1) \subseteq A_0 \cup A_1 \ .$$

Weiter nehmen wir an, daß $F : I\!R \to I\!R$ differenzierbar ist und eine Zahl $\gamma > 1$ existiert mit

$$|F'(x)| \geq \gamma \quad \text{für alle} \quad x \in A_0 \cup A_1 \ .$$

Definiert man dann für jedes $k \in I\!N_0$

$$A_{s_0 s_1 \dots s_k} = \{x \in A_{s_0} |\ F(x) \in A_{s_1}, \dots, F^k(x) \in A_{s_k}\} \ ,$$

wobei $s_j = 0$ oder 1 für $j = 0, \dots, k$, so folgt

$$A_{s_0} \supseteq A_{s_0 s_1} \supseteq \dots \supseteq A_{s_0 s_1 \dots s_k} \ .$$

Weiter wird in [7] gezeigt, daß

$$A_s = \bigcap_{k \in N_0} A_{s_0 s_1 \dots s_k}$$

nichtleer ist und aus genau einem Punkt $x = x(s) \in A_0 \cup A_1$, $s = (s_j)_{j \in N_0}$ besteht. Das gibt Anlaß zu einer Abbildung $h : \sum \to A_0 \cup A_1$ $\sum = \{(s_j)_{j \in N_0}|\ s_j = 0$ oder $1\}$ mit $h(s) = x(s)$, $s \in \sum$, von der man zeigen kann, daß sie stetig ist, wenn man z.B. in $\sum$ eine Metrik einführt vermöge

$$d(s, s') = 2^{-j}, \text{ wobei } j = \text{kleinster Index mit } s_j \neq s'_j \ .$$

Definiert man in $A_0 \cup A_1$ die Menge $A = h(\sum)$, so folgt $F(A) \subseteq A$ und

$$F \circ h(s) = h \circ \sigma(s) \quad \text{für alle} \quad s \in \sum \ .$$

Mit Satz 4.10 ergibt sich daher, daß $F : A \to A$ chaotisch im Sinne von Devaney ist. Ein Beispiel für diese Situation ist die in Abschnitt 4.2 betrachtete quadratische Abbildung

$$F(x) = \mu x(1 - x),\ x \in I\!R,\ \text{für}\ \mu > 2 + \sqrt{5} \ .$$

Dieses Beispiel wurde auch in dem bereits erwähnten Buch [3] von Devaney ausführlich im Zusammenhang mit topologischer Konjugiertheit diskutiert.

Die Definition der topologischen Entropie als Maß für Chaos haben wir der Arbeit [12] von A. Mielke entnommen. Dort wird auch der Satz 4.13 bewiesen, der besagt, daß die topologische Entropie invariant gegenüber topologischer Konjugiertheit ist.

Die Formeln, die wir für die topologische Entropie der Shift-Abbildung σ auf $\sum$ und auf einer geeigneten Teilmenge $\sum^A$ von $\sum$ in Abschnitt 4.3 hergeleitet haben, sind Spezialfälle einer allgemeinen Formel für sog. "Subshifts", die in [12] als Theorem 2.1 angegeben wird.

Auch der Zusammenhang mit eindimensionalen Abbildungen wird dort allgemeiner dargestellt als in diesem Buch.

In Abschnitt 4.4 haben wir gezeigt, daß Unordnungs-Chaos Chaos im Sinne von Li und Yorke impliziert. Die Umkehrung ist jedoch im allgemeinen falsch. J. Smital zeigt in [17], daß es chaotische Abbildungen im Sinne von Li und Yorke gibt, die die topologische Entropie nicht haben. Um die Äquivalenz der beiden Chaos-Begriffe zu beweisen, muß man den von Li und Yorke in geeigneter Weise verschärfen (vgl. dazu die Arbeit [6] von Jankova und Smital).

In Abschnitt 4.3 wurde gezeigt, daß die topologische Entropie der Shift-Abbildung $\sigma : \sum \to \sum$ gleich $ln\,2$, mithin positiv ist, so daß sie Unordnungs-Chaos erzeugt. Damit ist jede eindimensionale Abbildung $f : J \to J$ eines endlichen abgeschlossenen Intervalles J in sich chaotisch im Sinne von Li und Yorke, wenn sie zur Shift-Abbildung $\sigma : \sum \to \sum$ topologisch konjugiert ist (vgl. dazu Satz 4.5). U. Kirchgraber nennt solche Abbildungen in [7] chaotisch im Sinne von Bernoulli.
Die Darstellung seltsamer Attraktoren in Abschnitt 4.5 lehnt sich eng an das Buch [3] von Devaney an.

Die beiden Abschnitte 4.6 und 4.7 über chaotisches Verhalten von Abbildungen der Ebene in sich mit homoklinischen Punkten und periodischen Systemen in der Ebene stellen in leicht verkürzter Form den Inhalt der Arbeit [8] von Kirchgraber und Stoffer dar. In diesem Zusammenhang sei auch auf das Buch [4] von Guckenheimer und Holmes hingewiesen, in dem höherdimensionale periodische Systeme auf Chaos hin untersucht werden.

Insbesondere wird das Theorem 5.3.5, das sog. Smale-Birkhoff-Theorem, bewiesen, welches den Satz 4.25 verallgemeinert und folgendes besagt: Sei $f : I\!R^n \to I\!R^n$ ein Diffeomorphismus, der einen hyperbolischen Fixpunkt $p \in I\!R^n$ besitzt (d.h., daß die Jacobi-Matrix $J_f(p)$ keinen Eigenwert auf dem Einheitskreis besitzt). Weiter gebe es einen Punkt $q \neq p$ derart, daß sich die stabile Mannigfaltigkeit $W^s(p)$ und die instabile Mannigfaltigkeit $W^u(p)$ (mit $\dim W^s(p) + \dim W^u(p) = n$) in q transversal schneiden. Dann besitzt f eine hyperbolisch invariante Menge $A \subseteq I\!R^n$ derart, daß $f : A \to A$ topologisch konjugiert ist zu einem geeigneten "Subshift" $\sigma_A : \sum^A \to \sum^A$ (vgl. dazu [12]).

Literaturverzeichnis

[1] J. Banks, J. Brooks, G. Cairns, G. Davis and P. Stacey: On Devaney's Definition of Chaos. The American Mathematical Monthly, 99 (1992), pp. 332 - 334.

[2] G.D. Birkhoff: Dynamical Systems. Amer. Math. Soc. Colloq. Publ.. Providence 1927.

[3] R.L. Devaney: An Introduction to Chaotic Dynamical Systems. Addison-Wesley, 1989.

[4] J. Guckenheimer and Ph. Holmes: Nonlinear Oscillations, Dynamical Systems, and Bifurcations of Vector Fields.

[5] J. Hale (editor): Studies in Ordinary Differential Equations. Vol. 14, published by the Mathematical Association of America, 1977.

[6] K. Janková and J. Smital: A Characterization of Chaos. Bull. Austral. Math. Soc. 34 (1986), 283 - 292.

[7] U. Kirchgraber: Mathematik im Chaos. Ein Zugang auf dem Niveau der Sekundarstufe *II*. Mathematische Semesterberichte 39 (1992), 43 - 68.

[8] U. Kirchgraber and D. Stoffer: Chaotic Behaviour in Simple Dynamical Systems. SIAM Review 32 (1990), pp. 424 - 452.

[9] W. Krabs: Einführung in die Kontrolltheorie. Wissenschaftliche Buchgesellschaft Darmstadt 1978.

[10] W. Krabs and S. Pickl: Time-Discrete Dynamical Games. Submitted to Journal of Optimization.

[11] T.-Y. Li and J.A. Yorke: Period Three Implies Chaos. Amer. Math. Monthley 82 (1975), pp. 985 - 992.

[12] A. Mielke: Topological Methods for Discrete Dynamical Systems. GAMM-Mitteilungen 1990, Heft 2, 19 - 37.

[13] M. Misiurewicz: Horseshoes for Mappings of the Interval. Bulletin de l'Académie Polonaise des Sciences. Vol. *XXVII* No. 2 (1979), pp. 166 - 168.

[14] M. Misiurewicz and W. Szlenk: Entropy of Piecewise Monotonic Mappings. Studia Matematica, T. *LXVII* (1980), pp. 45 - 63.

[15] V.V. Nemytskii and V.V. Stepanov: Qualitative Theory of Differential Equations. Princeton University Press, Princeton 1960.

[16] G.R. Sell: Topological Dynamics and Ordinary Differential Equations. Van Nostrand Reinhold Company. London 1971.

[17] J. Smital: Chaotic Functions with Zero Topological Entropy. Transactions of the American Mathematical Society $\underline{297}$ (1986), pp. 269 - 282.

Sachverzeichnis

Alpha-Limesmenge, 9
Anziehungs-Bereich, 33
Approximationsproblem, 53, 79, 91, 95
asymptotisch stabil, 19, 20, 24, 26, 32, 34, 35
asymptotisch stabiler Ruhepunkt, 23, 24
asymptotische Stabilität, 19, 21, 23
Attraktions-Bereich, 33
attraktiver Fixpunkt, 37
attraktiver Gleichgewichtszustand, 91
Attraktor, 32–34, 38, 39, 129–131, 133, 136
auf $[0, T]$ Ω-steuerbar, 41
auf $[0, T]$ $I\!R^m$-steuerbar, 42
Auszahlungsfunktion, 83, 85, 86, 98
autonomes System, 19, 35

Banks, 158
Bewegung, 11, 13, 14, 17
Bewegungsgleichung, 15, 44, 49, 153

Cantor-Menge, 107, 132, 134
Chaos im Sinne des Münzwurfs, 159
Chaos im Sinne von Devaney, 101
Chaos im Sinne von Li und Yorke, 123, 129, 160
chaotisch, 102, 105, 106, 109, 111–113, 123, 134, 138, 151, 154, 155
chaotisch im Sinne von Bernoulli, 160
chaotisch im Sinne von Devaney, 131, 135, 159
chaotisch im Sinne von Li und Yorke, 123, 129, 160

Devaney, 158–160
Differentialgleichung, 44, 55, 70
Differenzengleichung, 60, 81, 96
direkte Methode von Lyapunov, 19, 29

diskreter Fluß, 26
diskretes dynamisches System, 26, 32
Diskretisierung, 35
dynamische Spiele, 70
dynamische Systeme in der Ebene, 13
Dynamisches System, 7
dynamisches System, 7, 8, 10, 14, 157, 158

Entropie, 120, 129
ε-Pseudo-Orbit, 145, 148, 151, 152
Erreichbarkeitsmenge, 46, 62

Fast-Orbits, 145
Fixpunkt, 28, 34, 36, 38, 60–62, 79, 88, 139
Fixpunkt-Steuerbarkeit, 60, 61, 64, 66
Fluß, 7, 8, 13, 14, 17, 19, 26
Fundamentalhypothese, 139, 140, 143, 151, 155, 156

gesteuertes dynamisches System, 81
gesteuertes System, 40
Gleichgewichtspunkt, 13
Gleichgewichtszustand, 71, 97, 98
global asymptotisch stabil, 32–34, 51
global attraktiver Fixpunkt, 60, 61
globaler Attraktor, 32, 33
Guckenheimer, 160

Halbgruppeneigenschaft, 7, 8, 26, 158
Holmes, 160
homoklinische Punkte, 139, 160
Hufeisen-Abbildung, 134
hyperbolisch, 139, 140, 151
hyperbolisch invariante Menge, 160
hyperbolische Menge, 139, 145, 147
hyperbolischer Fixpunkt, 139, 160
hyperbolischer Gleichgewichtspunkt, 154, 155

Identitätseigenschaft, 7, 8, 26, 158
instabil, 33
instabile Mannigfaltigkeit, 160
Instabilität, 32
Integralgleichung, 74
invariant, 10–12, 14, 27, 30, 31, 139, 144
invariant zusammenhängend, 28, 29, 31
invariante Teilmenge, 10, 12, 29, 30, 33

Jankova, 160

Kalman-Bedingung, 43, 46–50, 52, 62–64
Kirchgraber, 158, 160
Konfliktmodell, 96
kooperative, spieltheoretische Lösung, 72, 83, 95
kooperatives Verhalten, 71

LaSalle, 157
Li, 160
Limesmenge, 8, 18, 26, 27, 133
Limespunkt, 18
lineares Pendel mit beweglichem Aufhängepunkt, 43
lokal, 49
lokal attraktiver Gleichgewichtszustand, 90
lokal restringierte Steuerbarkeit, 49, 50
lokale Steuerbarkeit, 48
Lyapunov, 7
Lyapunov-Funktion, 18, 29–31, 33, 34
Lyapunovsche Methode, 157

mathematisches Pendel, 15
Maß für Chaos, 113
Melnikov-Funktion, 155, 156
Menge der Periodenpunkte, 102, 105, 113, 131, 134, 136–138
Menge der zweifach-unendlichen 0 − 1-Folgen, 133
Mielke, 159
minimal, 12–14
minimale Teilmenge, 12, 15
Momentengleichung, 56

Nash-Gleichgewicht, 71, 75, 76, 80, 81, 86, 88, 89

negativ-definit, 20, 23, 24, 34
negativ-invariant, 27
negativ-semidefinit, 20, 22
negative Halbtrajektorie, 9
(n, ε)-separiert, 113, 114, 116
Newton'sches Bewegungsgesetz, 15
nicht-kooperative spieltheoretische Lösung, 75
nichtlineares ebenes Pendel, 15, 152
nichtlineares Pendel mit beweglichem Aufhängepunkt, 49
nichtlineares Pendel mit oszillierendem Aufhängepunkt, 152
Null-Steuerbarkeit, 158

Omega-Limesmenge, 9, 11, 12, 14, 18, 28
Ω-steuerbar, 41
Orbit, 8, 18, 105, 131, 134, 137, 144
Ordnung des Zyklus, 28

Pareto-Optimum, 71, 72, 84
Pendel mit beweglichem Aufhängepunkt, 44
perfekt, 107
Perfektheit, 108
Periode, 28, 125, 129
Periode der Bewegung, 13
Periodenpunkt, 101–103, 105, 112, 113, 123, 125, 127, 129, 134, 137, 158
periodisch, 13, 28, 31
periodische Bewegung, 14, 15, 152
periodische Systeme, 152
periodische Systeme in der Ebene, 160
periodischer Orbit, 14, 15, 17, 18, 102, 158
Poincaré, 7
Poincaré-Abbildung, 154–156
Poincaré-Bendixon Theorie, 157
positiv invariant, 32, 34
positiv kompakte Bewegung, 11, 12
positiv-definit, 20, 22, 23, 34
positiv-invariant, 27, 33, 34
positiv-kompakt, 11, 14, 17, 18
positiv-kompakter Orbit, 14
positiv-semidefinit, 19
positive Halbtrajektorie, 9, 11

positiver Halborbit, 19
positiver Orbit, 14
Pseudo-Orbit, 145

Raum der $0-1$-Folgen, 104, 131, 158
restringiert Null-steuerbar, 46, 47, 49
restringierte Null-Steuerbarkeit, 45, 53, 54
$I\!R^m$-Nullsteuerbar, 49
ρ-Schatten-Orbit, 145, 148–152
Ruhepunkt, 13, 14, 17, 19, 20, 22, 24, 25,
 35, 37, 38, 40, 45, 48, 50, 52, 152
Ruhepunkt eines Flusses, 13
Räuber-Beute-Modell, 17, 38

Satz von Cayley-Hamilton, 43, 47
Satz von Smale, 151, 152
Schatten-Lemma, 145, 147, 150
Schatten-Orbit, 149
Sell, 157
seltsamer Attraktor, 129, 131, 135, 160
sensitiv abhängig von Anfangswerten, 102
sensitive Abhängigkeit von Anfangswer-
 ten, 158
Separatrix-Lösung, 154
Shift-Abbildung, 104, 105, 109, 115–117,
 131, 133, 134, 151, 155, 158–160
Smale-Birkhoff-Theorem, 160
Smalesche Hufeisen-Abbildung, 131
Smital, 160
Solenoid, 135, 136
stabil, 19, 20, 32, 34, 51
stabile Mannigfaltigkeit, 160
stabiler Ruhepunkt, 22
Stabilität, 19, 21, 32
Stabilitätstheorie, 157
stark instabil, 32, 33
steuerbar, 49, 50
Steuerbarkeit, 40, 48, 50, 55, 70, 71, 81,
 82, 84, 86, 90, 92, 95, 98, 158
Steuerbarkeit linearer Systeme, 41
Steuerbarkeitsmenge, 91
Steuerung, 40, 41, 44, 51, 60, 61, 70, 83,
 85, 86
Steuerungsfunktion, 40–42, 45, 48–50, 52,
 60, 70, 71, 82, 84, 86, 90, 91, 94,
98, 99
Steuerungsnebenbedingungen, 82
Steuerungsproblem, 100
Steuerungsvektorfunktion, 82
Stoffer, 160
Subshift, 159, 160
System von Differentialgleichungen, 40
Systeme in der Ebene, 157

Theorem von Sarkovskii, 125, 129
topologisch konjugiert, 106, 109, 111, 112,
 115, 131, 135, 138, 151, 155, 160
topologisch transitiv, 103, 105, 113, 131,
 134, 137
topologisch transitive Abbildung, 102
topologische Entropie, 113–115, 117, 118,
 129, 159, 160
topologische Invarianz, 113, 115
topologische Konjugiertheit, 105, 159
topologische Transitivität, 158
total unzusammenhängend, 107
Trajektorie, 8, 10, 26
Transitivität, 102
transversaler homoklinischer Orbit, 139,
 140, 151

ungesteuertes System, 7, 40, 60, 90
Unordnungs-Chaos, 117, 129, 160
Unordnungs-chaotisch, 115, 120, 122
Untershift, 118

voll Ω-steuerbar, 41
voll $I\!R$-steuerbar, 44
voll $I\!R^m$-steuerbar, 43

Yorke, 160

Zeit-diskrete dynamische Spiele, 158
Zeit-diskretes dynamisches System, 7, 35,
 101, 102, 154
Zeit-kontinuierliches dynamisches System,
 19, 35, 152
Zustandsfunktion, 82, 84, 86, 99
Zustandsnebenbedingungen, 82
Zustandsvektorfunktion, 82
zyklisch, 28

TEUBNER-TASCHENBUCH der Mathematik

Begründet von
I. N. Bronstein und
K. A. Semendjajew

Weitergeführt von
G. Grosche, V. Ziegler
und **D. Ziegler**

Herausgegeben von
Prof. Dr. **Eberhard Zeidler**
Leipzig

1996. XXVI, 1298 Seiten.
14,5 x 20 cm.
Geb. DM 59,–
ÖS 431,– / SFr 53,–
ISBN 3-8154-2001-6

Das vorliegende »TEUBNER-TASCHENBUCH der Mathematik« ersetzt den bisherigen Band – Bronstein/Semendjajew, Taschenbuch der Mathematik –, der mit 25 Auflagen und mehr als 800.000 verkauften Exemplaren bei B. G. Teubner erschien.

In den letzten Jahren hat sich die Mathematik außerordentlich stürmisch entwickelt. Eine wesentliche Rolle spielt dabei der Einsatz immer leistungsfähigerer Computer. Ferner stellen die komplizierten Probleme der modernen Hochtechnologie an Ingenieure und Naturwissenschaftler sehr hohe mathematische Anforderungen.

Diesen aktuellen Entwicklungen trägt das »TEUBNER-TASCHENBUCH der Mathematik« umfassend Rechnung. Es vermittelt ein lebendiges und modernes Bild der heutigen Mathematik und erfüllt aktuell, umfassend und kompakt die Erwartungen, die an ein Nachschlagewerk für Ingenieure, Naturwissenschaftler, Informatiker und Mathematiker gestellt werden. Im Studium ist das »TEUBNER-TASCHENBUCH der Mathematik« ein Handbuch, das Studierende vom ersten Semester an begleitet; im Berufsleben wird es dem Praktiker ein unentbehrliches Nachschlagewerk sein.

Aus dem Inhalt

Wichtige Formeln, graphische Darstellungen und Tabellen – Analysis – Algebra – Geometrie – Grundlagen der Mathematik – Variationsrechnung und Optimierung Stochastik – Numerik

Preisänderungen vorbehalten.

B. G. Teubner Stuttgart · Leipzig

TEUBNER-TASCHENBUCH
der Mathematik
Teil II

Herausgegeben von
Doz. Dr. **Günther Grosch**
Leipzig
Dr. **Viktor Ziegler**
Dorothea Ziegler
Frauwalde
und Prof. Dr. **Eberhard Zeidler**
Leipzig

7. Auflage. 1995. Vollständig überarbeitete und wesentlich erweiterte Neufassung der 6. Auflage der »Ergänzenden Kapitel zum Taschenbuch der Mathematik von I. N. Bronstein und K. A. Semendjajew XVI, 830 Seiten mit 259 Bildern. 14,5 x 20 cm. Geb. DM 58,– ÖS 423,– / SFr 52,– ISBN 3-8154-2100-4

Mit dem »TEUBNER-TASCHENBUCH der Mathematik, Teil II« liegt eine vollständig überarbeitete und wesentlich erweiterte Neufassung der bisherigen »Ergänzenden Kapitel zum Taschenbuch der Mathematik von I. N. Bronstein und K. A. Semendjajew« vor, die 1990 in 6. Auflage im Verlag B. G. Teubner in Leipzig erschienen sind. Dieses Buch vermittelt dem Leser ein lebendiges, modernes Bild von den vielfältigen Anwendungen der Mathematik in Informatik, Operations Research und mathematischer Physik.

Aus dem Inhalt

Mathematik und Informatik – Operations Research – Höhere Analysis – Lineare Funktionalanalysis und ihre Anwendungen – Nichtlineare Funktionalanalysis und ihre Anwendungen – Dynamische Systeme, Mathematik der Zeit – Nichtlineare partielle Differentialgleichungen in den Naturwissenschaften – Mannigfaltigkeiten – Riemannsche Geometrie und allgemeine Relativitätstheorie – Liegruppen, Liealgebren und Elementarteilchen, Mathematik der Symmetrie – Topologie – Krümmung, Topologie und Analysis

Preisänderungen vorbehalten.

B. G. Teubner Stuttgart · Leipzig

Reitmann
**Reguläre
und chaotische
Dynamik**

Von Doz. Dr.
Volker Reitmann
Technische Universität
Dresden

1996. 252 Seiten mit
100 Bildern.
16,2 x 22,9 cm.
Kart. DM 39,80
ÖS 291,– / SFr 36,–
ISBN 3-8154-2090-3

(Mathematik für Ingenieure
und Naturwissenschaftler)

Dieses Lehrbuch basiert auf Vorlesungen, die der Autor für Studenten der Physik, der Elektrotechnik und der Mathematik gehalten hat.

Es enthält eine kompakte Darstellung wichtiger Elemente der nichtlinearen Dynamik, die von Attraktoren, invarianten Mannigfaltigkeiten und der Stabilität des Orbits in zeitkontinuierlichen und zeitdiskreten Systemen über die generischen Bifurkationen bis hin zu Shifts, Hufeisen, invarianten Maßen, Entropien und Dimensionen in dynamischen Systemen reicht. Die wichtigsten Routen dynamischer Systeme ins Chaos werden vorgestellt.

Fast alle der im Buch formulierten Sätze sind durch Beispiele oder Skizzen erläutert worden. Eine Vielzahl der behandelten mathematischen Fragestellungen wird anhand konkreter Anwendungen illustriert, so unter anderem an Systemen der Phasensynchronisation, an digitalen Systemen der automatischen Steuerung oder an Systemen der Radiophysik.

Preisänderungen vorbehalten.

B.G. Teubner Stuttgart · Leipzig